Klaus Aschenbrenner

Die Antiliden

Klaus Aschenbrenner

Die Antiliden

Auf den Spuren der ersten technischen Hochzivilisation

Universitas

© 1993 by Universitas Verlag in
F. A. Herbig Verlagsbuchhandlung GmbH, München
Alle Rechte vorbehalten
Schutzumschlag: Wolfgang Heinzel
Schutzumschlagmotiv: Karte des Piri Rei's
Satz + Druck: Jos. C. Huber KG, Dießen
Binden: Buchbinderei Monheim
Printed in Germany
ISBN 3-8004-1295-0

Inhalt

Danksagung

Besonders herzlichen Dank möchte ich Herrn Herb Sawinski in Port St. Lucie/USA aussprechen. Diesem profunden Kenner archäologischer Fundstätten in der Karibik, der unter anderem eigene Unterwasserexpeditionen auf der Bahama-Bank durchführte, verdanke ich so manchen wertvollen Hinweis sowie eine Reihe ausgezeichneter Fotos. Weiterhin danke ich Herrn Prof. Dr. Khalil Messiha in Kairo, der mir Unterlagen über das altägyptische Flugmodell zur Verfügung stellte. Herrn Dr. Fritz Hans Schweingruber in Birmensdorf/Schweiz bin ich für die Bereitstellung dendrochronologischen Datenmaterials sehr dankbar. Wertvoll war auch die Hilfe, die mir wissenschaftliche Mitarbeiter des Pelizaeus-Museums in Hildesheim bei der Suche nach Text- und Bildmaterial zuteil werden ließen. Nicht vergessen seien auch die Experten, die mir bereitwillig Auskünfte oder Ratschläge erteilten und auf diesem Wege zum Gelingen dieses Buches beitrugen. Ganz besonders bin ich meiner Frau Giselheid Aschenbrenner zu Dank verpflichtet, die sich der nicht geringen Mühe unterzog, das Manuskript durchzusehen, und mir in intensiven Diskussionen manche hilfreiche Anregung gab.

Einleitung

Seit Jahrhunderten begaben sich immer wieder Wissenschaftler und Amateurforscher auf die Suche nach einer alten, untergegangenen Kultur, die von Platon in seiner ersten ausführlichen Erzählung den Namen Atlantis erhalten hatte. Dieses angeblich im Meer versunkene Inselreich wurde und wird auch heute noch an den verschiedensten Stellen der Erde vermutet. Namhafte Archäologen wie Albert Herrmann oder Adolf Schulten versuchten sogar, es durch systematische Ausgrabungen freizulegen. Alle diese bislang vergeblichen Versuche stützten sich dabei im wesentlichen auf die detailreichen Beschreibungen Platons und schienen damit letztlich in eine Sackgasse zu geraten.

Bei meiner Beschäftigung mit der Archäoastronomie und den naturwissenschaftlichen Fortschritten in frühgeschichtlicher Zeit stieß ich eines Tages auf einen seltsamen, fast 5000 Jahre alten ägyptischen Gegenstand. Er erweckte den Eindruck eines perfekt konstruierten technischen Bauteils und wirkte wie ein Fremdkörper in jener frühen Kulturepoche. Sollte es womöglich bereits vor den Ägyptern ein Volk von hochbegabten Technikern gegeben haben? Dieser faszinierenden Frage ging ich von jenem Augenblick an nach. Dabei dauerte es nicht lange, bis ich auf die Untersuchungen Charles H. Hapgoods aufmerksam wurde, den das Studium alter Seekarten zu ähnlichen Überlegungen geführt hatte. Es war der Beginn einer Serie ständig neuer Überraschungen. Immer deutlicher kristallisierte sich das Bild einer Kultur heraus, die in ihrer Entwicklung den Ägyptern und Sumerern offensichtlich um Jahrtausende voraus war. Es war eine Hochzivilisation, die mit Teleskopen die Welt der Gestirne erforschte, äußerst genau die Erde kartographierte und Meisterleistungen auf dem Gebiet der Metallurgie vollbrachte, bis eine kosmische Katastrophe ihr ein jähes Ende bereitete.

Der Name dieser ersten Hochkultur hat symbolischen Charakter. Antilia ist eine sagenhafte Insel im Atlantik, die oftmals auch Insel der sieben Städte genannt wurde. Alte Seekarten verzeichnen sie im Azorenbereich. Andererseits weist der Name auf die Antillen hin, in deren Nähe die Heimat der versunkenen Kultur womöglich zu suchen ist. Handelte es sich bei Atlantis letzlich um das von Platon beschriebene Königreich, so ist mit den Antiliden eine technische Hochzivilisation gemeint, die von der Eiszeit bis etwa 4000 v. Chr. existierte.

Ich würde mich freuen, wenn mein Buch eine sachliche, offene Aufnahme fände. Da zur Untermauerung der von mir vorgetragenen These zusätzliche Befunde wünschenswert sind, möchte ich um eine konstruktive Mitarbeit bei der Suche nach weiteren Spuren bitten. Wissenschaftler und Amateure seien gleichermaßen angesprochen, nicht nur im Bereich der Archäologie, auch Chemiker, Physiker, Mineralogen, Geologen und Techniker genauso wie Sprachwissenschaftler, Ethnologen und Genetiker sowie vor allem auch die Direktoren und Mitarbeiter der Museen und Bibliotheken.

Manches interessante Fundobjekt, das sich nicht in die üblichen Schemata einordnen läßt, dürfte noch unbeachtet in Museumskellern liegen. Das gleiche gilt für alte Texte, die noch unübersetzt in Bibliotheken ruhen und für alte, vergilbte Karten, die sich noch in Mappen und Kästen verbergen. Ich bin überzeugt, daß sich bei intensiver Suche und interdisziplinärer Zusammenarbeit das Problem der ersten technischen Hochzivilisation einer endgültigen Lösung zuführen läßt. Mein Buch sei ein kleiner Beitrag auf diesem Wege.

Wiesbaden 1993   *Klaus H. Aschenbrenner*

I

Die Erforscher
der Gestirne

Ein 30 000 Jahre alter Mondkalender

Allein steht der Sippenälteste vor dem Eingang der Höhle und blickt voller Ehrfurcht zu der großen leuchtenden Gottheit empor. In dieser Nacht erstrahlt sie im vollen Glanze ihrer Macht. Wenige Augenblicke noch! Dann, wenn sie an der höchsten Stelle ihrer Himmelsbahn thront, wird er ihr sein Opfer darbringen. Ein prächtiges Tier, das er am letzten Nachmittag erlegt hat. Diese Gabe soll sie gütig stimmen. Ist es nicht so, daß das Jagdglück der Sippe zugenommen hat, seitdem er der großen Gottheit regelmäßig sein Opfer bringt? Vor allem immer dann, wenn ihre Lichtgestalt wächst, scheint auch die Jagdbeute höher auszufallen. Besonders, seit er den regelmäßigen Gestaltenwandel der glückspendenen Gottheit in einen kleinen Knochen einritzt, den er stets bei sich trägt.

Diese nächtliche Szene könnte sich vor 30 000 Jahren so oder ähnlich zugetragen haben. Hierfür spricht eine Entdeckung, die vor einigen Jahren gemacht wurde.
Als Alexander Marshack, heute Forschungsbeauftragter am Peabody-Museum in Harvard, die Fotografie eines steinzeitlichen Knochens mit 167 Ritzzeichen sah, faszinierte ihn der Gedanke, daß es sich hier nicht um bloße Ornamente, sondern um Aufzeichnungen bestimmter Ereignisse handeln könnte. Untersuchungen von 30 Fundstücken, deren Alter bei 30 000 Jahren lag, stützten seine ersten Vermutungen. Besonders eine kleine Platte eines Rentiergeweihs schien sich entschlüsseln zu lassen (Abb. 1, s. nächste Seite). Sie enthielt 69 unterschiedliche Eingravierungen,

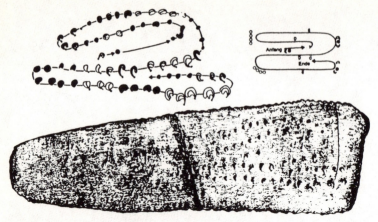

Abb. 1: Ein 30 000 Jahre alter Mondkalender
Links oben sind die Eingravierungen vergrößert, rechts oben die Mondphasen
schematisch dargestellt: Vollmond = weißer Kreis, Neumond = schwarzer
Kreis. (Marshack, A.: The Roots of Civilization, Nachzeichnung aus Kucken-
berg, M.: Die Entstehung von Sprache und Schrift)

die – das ließ sich nach Untersuchungen unter einem Mikroskop
folgern – mit 24 Werkzeugen während eines längeren Zeitraumes
vorgenommen worden waren. Marshack nahm an, daß von einem
eiszeitlichen Beobachter Nacht für Nacht ein Zeichen besonderer
Art in die Platte graviert worden war, um die Auf- und Untergänge
des Mondes und seine jeweilige Beleuchtungsphase während
eines Zeitraumes von 2,5 Monaten festzuhalten. Dies hieße nicht
weniger, als daß hier, mitten in der Eiszeit, ein erster einfacher
Monatskalender entstanden war.

Kosmische Modelle in der Altsteinzeit

Zehntausend Jahre nach der Erstellung des ersten Monatskalen-
ders hatte der Eiszeitmensch bereits Modelle seiner kosmischen
Umgebung geschaffen. Besonders deutlich gewährt uns ein
bearbeitetes Stück Mammutelfenbein Einblick in die Gedanken-
welt des damaligen Menschen. Die in Punktgravierung gehaltene

große Spirale dürfte den Umlauf der Fixsterne um den Himmelspol darstellen, die sieben kleinen Spiralen dagegen Sonne, Mond und die hellen Planeten Merkur, Venus, Mars, Jupiter und Saturn (Abb. 2). Die Rückseite der Elfenbeinplatte ist mit drei Schlangen verse-

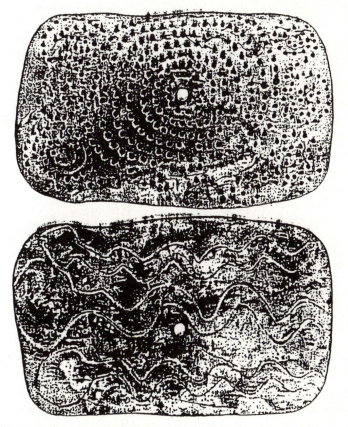

Abb. 2: Ein kosmisches Modell der Eiszeitmenschen
(Evers, D.: Felsbilder arktischer Jägerkulturen des steinzeitlichen Skandinaviens)

hen, einer symbolischen Verkörperung des Sonnengottes, die uns später in der Megalithkultur und auch in anderen Kulturen des Altertums immer wieder begegnet.

Derartige Beispiele zeigen uns, daß Menschen offensichtlich schon zu diesem Zeitpunkt den Lauf der Gestirne regelmäßig verfolgten. In den nächsten Jahrtausenden setzte eine geradezu erstaunliche Entwicklung der Himmelsforschung ein. Bereits mehrere Jahrtausende vor den Ägyptern hatte die Astronomie den Stand unseres Jahrhunderts erreicht. Das wäre ohne exakt arbeitende Beobachtungsinstrumente nicht möglich gewesen. Und dies zu einem Zeitpunkt, als sich der größte Teil der Erdbevölkerung noch auf der Stufe von Steinzeitmenschen befand. Eine derartige Behauptung klingt im ersten Augenblick zwar sehr unwahrscheinlich, doch wir werden gleich sehen, daß die zahlreichen, aus frühen Quellen überlieferten Kenntnisse gar nicht anders zu erlangen waren. Zuvor wollen wir jedoch erst noch einen Blick auf Ägypten werfen, zu der Zeit, als es aus dem Schattendasein der Jungsteinzeit hervortrat und sich zu einer Hochkultur entwickelte.

Ägyptische Meisterleistungen der Vermessungstechnik

Um 3000 v. Chr. waren Ober- und Unterägypten von einem Herrscher, der sich als Gottkönig verehren ließ, zu einem mächtigen Großreich vereint worden. Innerhalb von nur annähernd 200 Jahren vollzog sich in Religion, Kunst und anderen gesellschaftlichen Bereichen ein Wandel, der bis dahin als unvorstellbar galt.

Aus eben dieser Zeit sind uns dank der neu entstandenen Bilderschrift Dokumente überliefert, die akkurate Positionsangaben von den wichtigsten Punkten des Nils zwischen dem Äquator und dem Mittelmeer auf Bogenminuten genau enthalten.

Ein Bogengrad mißt rund 111 Kilometer. Eine Bogenminute ist der 60ste Teil hiervon, das heißt, ihr entspricht eine Länge von 1850 Metern. Wie hoch diese Genauigkeit ist, wollen wir uns an einem Beispiel aus unseren Breiten klarmachen: Dies wäre so, als hätten die Menschen vor 5000 Jahren, am Ende der Steinzeit, den gesamten Verlauf des Rheins oder der Donau so exakt aufgezeichnet, daß etwaige Abweichungen unter zwei Kilometern lagen. Dabei gibt es nicht den geringsten Hinweis auf instrumentelle oder methodische Voraussetzungen für derartige Messungen. Wir müssen uns daher die Frage stellen: Woher stammen diese Daten? In späteren Dynastien erweitern sich die exakten Meßdaten auf das Kongo- und Sambesigebiet. Schließlich reichen sie sogar vom Golf von Guinea über Schweizer Alpengipfel bis zur norwegischen Küste und zu Flußmündungen in Rußland. Dabei sind die Meßfehler minimal, in geographischer Breite nur rund eine Bogenminute und in der Länge fünf Bogenminuten auf zehn Grad. Wieder sei ein Vergleich erlaubt. Noch im Mittelalter wiesen viele Karten einen Fehler von mehreren Grad auf.

Nirgends finden wir Angaben, die uns erklären könnten, wie die Ägypter diese erstaunlichen Vermessungsleistungen zustande gebracht haben könnten. Abgesehen davon, daß diese umfangreichen Detailkenntnisse außerhalb der damaligen ägyptischen Interessensphäre lagen. Es wären ausgedehnte Expeditionen erforderlich gewesen, um diese Daten zu erlangen. Es bleibt uns daher nichts anderes übrig, als Informationsquellen anzunehmen, deren Ursprung weit vor der Zeit der ägyptischen Kultur liegt.

Die ungewöhnliche Genauigkeit alter Kalender

In Ägypten fand bereits vor mehr als 6000 Jahren eine Kalenderreform statt, bei der man den Mond- gegen einen Sonnenkalender austauschte. Dieser Kalender beginnt mit dem Jahr 4241 v. Chr. Er teilt das Jahr in 12 Monate zu je 30 Tagen und addiert am Ende eines jeden Jahres noch fünf Tage hinzu. Dieser extrem frühe Zeitpunkt drängt förmlich die Frage auf, wer den Anstoß zu dieser Neuerung gegeben hat. Wir werden auf diesen Umstand im Kapitel »Die Nachfolger« noch zu sprechen kommen.

Werfen wir einen Blick auf andere Kulturen, dann begegnen wir geradezu verblüffenden Genauigkeiten bei der Zeitbestimmung. Beispielsweise im Kalender der Chaldäer. Sie bestimmten vor mehr als 4000 Jahren die Länge des *Siderischen Jahres*[1] zu 365

---

[1] Die Erklärungen kursiv gesetzter Begriffe finden sich im Glossar am Ende des Buches

19

Tagen, sechs Stunden und elf Minuten. Dies bedeutet, ihr Meßfehler belief sich auf nur zwei Minuten. Das sind weniger als ein 1000stel Prozent! Dabei besaßen sie nur sehr ungenaue Zeitmeßgeräte.

Ein Maximum an Genauigkeit erzielten die Mayas. Sie ermittelten die Dauer eines Sonnenjahres, des sogenannten *tropischen Jahres*, auf 365,2420 anstatt 365,2423 Tage. Mit einer Abweichung von 0,0003 Tagen war der Mayakalender 40mal so genau wie der Julianische Kalender, den wir Europäer bis zum Jahre 1582 benutzten.

Zwar hatten die Mayas eigene Sternwarten, doch angesichts der extremen Genauigkeit ihrer Messungen ist der Gedanke, daß bei ihren Meßmethoden eine wesentlich ältere Kultur Pate gestanden hat, nicht von der Hand zu weisen. Doch nun zu den eigentlichen astronomischen Befunden.

Woher kannten die Babylonier die Planetenmonde?

Babylonische Keilschrifttexte berichten, daß der Jupiter vier Monde besitzt. Dennoch wird in unseren Tagen die Entdeckung dieser Monde Galileo Galilei (1564–1642) zugeschrieben. Galilei benötigte hierzu ein Fernrohr, das er aus selbstgeschliffenen Glaslinsen gefertigt hatte. Dieser Fernrohrtyp, nach ihm benannt und heute noch in Form von Operngläsern verwendet, besteht aus einer Sammellinse als Objektiv und einer Zerstreuungslinse als Okular. Da zum Aufsuchen der Jupitermonde schon ein sehr kleines Instrument genügt und man in Ninive eine präzise geschliffene Sammellinse aus Bergkristall fand, kann man auf die Richtigkeit des babylonischen Textes schließen.

Aus den gleichen babylonischen Quellen erfahren wir, daß der Planet Saturn von sieben Monden umgeben ist.

Um diese Monde aufzuspüren, genügten keine Miniaturfernrohre, wie sie Galilei baute. Hierzu waren andere Instrumente erforderlich. Sehen wir uns doch einmal an, mit welchen Teleskopen man die Trabanten des Saturn fand. Da ist zunächst Titan, der größte

Saturnmond. Ihn kann jeder von uns heute mit einem guten Fernglas selbst beobachten. Titan wurde deshalb schon 1655 von Christian Huygens mit einem *Refraktor* entdeckt, der nicht viel größer als Galileis Instrument war.

Die nächsten vier Saturnmonde verdanken ihr Auffinden Giovanni Domenico Cassini. Ihm stand ein Luftteleskop mit 137 Millimetern Objektivdurchmesser bei einer Baulänge von rund elf Metern zur Verfügung (Abb. 3).

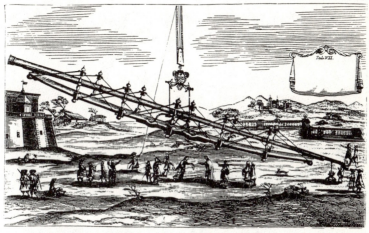

Abb. 3: Ein Luftteleskop
Mit einem derartigen Fernrohr entdeckte Cassini im 17. Jahrhundert vier Monde des Planeten Saturn

Mit dem sechsten und siebten Saturnmond ist der Name Friedrich Wilhelm Herschel verbunden. Herschel, von Beruf Musiker, war ein begeisterter Freund der Himmelskunde, heute würden wir sagen ein Amateurastronom. Da ein Teleskop für ihn nicht erschwinglich war, entschloß er sich zum Selbstbau. Er ließ sich die Spiegel aus Bronze gießen und schliff und polierte sie anschließend selbst. Nach ersten Fehlschlägen wurden seine Instrumente immer leistungsfähiger und größer. Als er 1781 den Planeten Uranus entdeckte, wurde der englische König Georg III. auf ihn aufmerksam und gewährte ihm ein Jahresgehalt von 200 Pfund.

Von diesem Augenblick an konnte sich Herschel ausschließlich der geliebten Astronomie widmen und zur Krönung seiner Fernrohrkonstruktionen schreiten, dem Bau eines Spiegelteleskopes mit für damalige Verhältnisse einzigartigen Dimensionen. Der große Bronzespiegel hatte einen Durchmesser von 1,22 Metern und eine Brennweite von zwölf Metern. Mit Seilzügen wurde das mächtige Gerät von Gehilfen bewegt, bis das gewünschte Himmelsobjekt im Gesichtsfeld erschien. Der Spiegel, der eine fast parabolische Form besaß, erzeugte am vorderen Rohrende ein Bild der Gestirne. Durch ein Okular konnte Herschel, auf einer Plattform stehend, diese dann beobachten (Abb. 4). Bereits am Tag

Abb. 4. Das große Spiegelteleskop des F. W. Herschel
Mit diesem Teleskop entdeckte Herschel 1789 die beiden Saturnmonde Mimas und Enceladus.

22

der Fertigstellung entdeckte er mit seinem neuen Großinstrument den sechsten Saturnmond. In der darauffolgenden Nacht gelang ihm die Entdeckung des siebten Mondes. Das Vorhandensein von zwei weiteren größeren Monden bemerkten Astronomen erst im 19. Jahrhundert.

Nach diesem Überblick über die Entdeckungsgeschichte der Saturnmonde taucht wie von selbst die Frage auf: Könnten nicht die Babylonier entsprechend leistungsfähige Fernrohre besessen haben? Wohl kaum! Dann nämlich müßten wir hierüber informiert sein. In Ninive und in mehreren ausgegrabenen Städten der Babylonier fand man ganze Bibliotheken mit einigen 10 000 Tontafeln, zur Gänze mit Keilschrifttexten beschrieben. Doch keines dieser schriftlichen Zeugnisse enthält einen Hinweis auf astronomische Instrumente. Wir sind daher wieder gezwungen, weiter zurückliegende Informationsquellen anzunehmen.

Nun ließe sich natürlich der Einwand erheben: War eine ältere Hochzivilisation überhaupt zum Bau von Instrumenten befähigt, die über die technischen Möglichkeiten der Babylonier hinausgingen? Standen ihnen überhaupt die Metallegierungen zur Verfügung, die zur Herstellung größerer Spiegel erforderlich waren? Nun, am Beispiel des vorhin erwähnten Astronomen Herschel läßt sich erkennen, welche Wege eine frühe Hochzivilisation beschritten haben mag. Im Mittelmeerraum sind seit etwa 3000 v. Chr. Bronzespiegel in Verwendung. Warum sollte einer anderen Kultur nicht schon wesentlich früher ihre Herstellung gelungen sein? Betrachten wir die Geschichte der Menschheit, dann sehen wir, daß immer wieder gleichzeitig nebeneinander Kulturen existierten, die sich in ihrer kulturellen Entwicklungshöhe extrem unterschieden.

Teleskope gab es schon vor Jahrtausenden

Während die Ägypter und Sumerer als Hochkulturen in Erscheinung traten, ihre Baumeister und Künstler gewaltige Pyramiden bauten und herrliche steinerne Monumentalplastiken schufen, lebten in weiten Teilen Asiens, Afrikas und der Neuen Welt die Menschen in steinzeitlichen Hütten und formten noch primitive Götterbilder aus Ton und Holz. Als die Europäer in der Renaissance Amerika betraten, stießen sie auf eine Bevölkerung, die typische Merkmale einer Bronzezeitkultur aufwies. Selbst in unserem hochtechnisierten Zeitalter finden sich noch Eingeborenenstämme, die ihr Dasein in der Lebensweise von Steinzeitmenschen bewältigen. Wir dürfen daher davon ausgehen, daß eine frühe Hochzivilisation den alten Mittelmeerkulturen gegenüber einen kulturellen und technischen Vorsprung von mehreren Jahrtausenden besaß, das heißt auch entsprechend früher die Bronzeherstellung beherrschte.

Im übrigen wissen wir heute, daß in Kleinasien die Bronze wesentlich früher erfunden wurde, als allgemein bekannt ist. So fand man in Armenien eine Bronzegußanlage, die mindestens 8000 Jahre alt ist. In ihr wurden damals schon 18 verschiedene Bronzesorten hergestellt. Und von der Bronzeherstellung bis zum Anfertigen polierter Bronzespiegel ist der Weg, wie die Beispiele aus dem Mittelmeerraum lehren, nicht allzuweit.

Schließlich ersehen wir am Beispiel des Autodidakten Herschel, wie sich aus Bronze leistungsfähige Großteleskope bauen und erfolgreich anwenden lassen. Wir können sogar rekonstruieren, wie es vor Jahrtausenden zur Erfindung von Spiegelfernrohren gekommen sein mag.

Zunächst waren es polierte Handspiegel aus heller Bronze, die man für die tägliche Schönheitspflege fertigte. Da die Form der Spiegeloberfläche mit Sicherheit nicht immer gleichmäßig ausfiel, kam es eines Tages zu der Entdeckung, daß ein Spiegel mit gekrümmter Oberfläche vergrößerte Abbilder des Betrachters liefert. Parallel dazu beobachtete man, daß geschliffene Edelsteine wie Bergkristall oder Beryll interessante Eigenschaften aufwiesen. Als Brenngläser, Lupen und Sehhilfen waren sie bald wegen ihrer lichtsammelnden und bildvergrößernden Wirkung äußerst begehrt. Bis man die göttlichen Gestirne Mond und Sonne in einem großen Spiegel betrachtete, dürfte nur eine Frage der Zeit gewesen sein. Und ein Blick aus der richtigen Entfernung durch ein kristallenes Vergrößerungsglas auf den sich im Spiegel zeigenden Mond offenbarte wahre Wunder: Ringförmige Strukturen und Berge wurden sichtbar. Ein anschließender Blick auf den hellen Hundsstern Sirius zeigte, daß er von einer Vielzahl, dem bloßen Auge verborgener Sterne umgeben war. Jetzt wurde jede klare Beobachtungsnacht genutzt. Halterungen für den Hohlspiegel und die Kristallinsen wurden konstruiert, und damit war das erste Spiegelteleskop entstanden. Priesterastronomen gaben bei den Bronzegießern immer größere Spiegel in Auftrag und versuchten, durch eine erfolgreiche Beobachtung der Gestirne ihr Wissen und dadurch zugleich ihre Macht zu vergrößern.

Welche suggestive Kraft der gestirnte Himmel auf den Menschen auszuüben vermag, zeigt heute noch das große Heer von Amateurastronomen, die mit Begeisterung Fernrohrspiegel in wochenlanger Arbeit schleifen und lichtstarke Teleskope bauen, um tiefer in die Sternenwelt eindringen zu können. Ich selbst erinnere mich, daß ich als Schüler kurz nach dem Krieg den Inhaber einer optischen Fabrik aufsuchte und ihn dazu bewegte, mir preiswert die Linsen für den Bau eines kleinen Fernrohrs zu verkaufen. Anschließend nutzte ich jede klare Nacht, um die Bewegung der Jupitermonde, Sternhaufen, Doppelsterne, kurz gesagt alles zu beobachten, was in der Reichweite dieses Instrumentes lag. Und dieser Drang, den Geheimnissen der Sterne auf die Spur zu kommen, ist es, der schon vor Jahrtausenden die Astronomen der ersten Hochzivilisation beflügelte und sie zu erstaunlichen Ergebnissen gelangen ließ.

Das Rätsel der Marsmonde

Sehr eigenartig und für unsere Betrachtungen nicht unwichtig ist die Geschichte der beiden kleinen Marsmonde.

Bis zum Jahr 1877 schien unser roter Nachbarplanet keine Monde zu besitzen. Ganze Astronomengenerationen hatten vergeblich Ausschau gehalten. Erst Asaph Hall gelang es, mit dem damals größten Teleskop der Welt, dem Refraktor des Naval Observatory in Washington, zwei Monde aufzuspüren. Auch er hätte beinahe seine Bemühungen aufgegeben, da es zur damaligen Zeit unvorstellbar erschien, daß die Umlaufzeit eines Mondes infolge seines geringen Abstandes vom Planeten kürzer sein könnte als die Rotationszeit des zugehörigen Planeten. Und bei Phobos, den Hall schließlich doch noch in ganz geringem Abstand vom Mars auffand, verhielt es sich so: Phobos umrundet den Planeten einmal in 7,65 Stunden, während dieser sich selbst in 24 Stunden und 37 Minuten einmal um seine Achse dreht. Dies bedeutet, daß Phobos für einen hypothetischen Marsbewohner dreimal täglich im Westen auf- und im Osten untergeht. Beide unregelmäßig geformten Marsmonde sind im Vergleich zu anderen Monden winzige Körper. Der Phobos besitzt einen Maximaldurchmesser von 27 Kilometern, Deimos Höchstdurchmesser beträgt sogar nur 15 Kilometer.

Und nun kommt etwas ganz Merkwürdiges. Bereits 150 Jahre vor ihrer Entdeckung gab es einen sehr präzisen Hinweis auf die beiden Marsmonde. In Jonathan Swifts Werk »Gullivers Reisen« finden wir in der Reise nach Laputa folgende Stelle, die über die Astronomen Laputas berichtet:

> »Sie bringen ihr Leben größtenteils mit der Beobachtung der Himmelskörper zu, wobei sie sich weit besserer Ferngläser bedienen, als wir sie besitzen. Ihre umfangreichsten Teleskope sind zwar nicht über drei Fuß lang, vergrößern aber den Gegenstand bedeutend mehr als unsere hundertfüßigen und zeigen die Sterne weit heller. Durch diese Vorteile konnten sie ihre Entdeckungen viel weiter als unsere europäischen Astronomen ausdehnen. Denn sie zählen gegen zehntausend Fixsterne, während unsere bisher kaum den dritten Teil feststellen konnten. Sie haben auch zwei Trabanten des Mars entdeckt, von welchen der innere den Hauptstern in einiger Entfernung von drei, der äußere von fünf Durchmessern umkreist. Jener vollendet seinen Lauf in zehn, dieser in einundzwanzigeinhalb Stunden, so daß die Quadrate ihres periodischen Umlaufs sich beinahe wie die Kuben ihrer Entfernungen vom Mittelpunkt des Mars verhalten, woraus ersichtlich ist, daß sie vom nämlichen Gravitationsge-

setz beherrscht werden, dem auch die anderen Himmelskörper unterworfen sind.«

Warum diese Geschichte merkwürdig ist? Weil zwischen Swifts Angaben und den modernen Daten über die Monde eine nicht zu erwartende Übereinstimmung besteht.

Natürlich könnte man Swift unterstellen, daß er die zwei Monde und ihre Abstände willkürlich erfunden hat. Wenn wir jedoch berücksichtigen, daß die bis dahin bekannten Monde Umlaufzeiten von vielen Tagen besaßen und mehrere 100 000 Kilometer von ihrem Planeten entfernt waren, dann fällt es schwer zu verstehen, warum Swift so völlig von der Norm abweichende Bahndaten gewählt haben sollte. Noch erstaunlicher ist es aber, daß beispielsweise die Abstandswerte bei Phobos nur mit einem Fehler von 8,5 Prozent behaftet sind. Ähnlich verhält es sich mit den Umlaufzeiten der Monde. Es kann sich daher um keine der Phantasie Swifts entsprungenen Zufallsprodukte handeln. Bedenken wir schließlich die Variationsmöglichkeiten, die sich aus den Komponenten Zahl der Monde, Abstand vom Planeten und Umlaufzeiten ergeben, dann läßt sich die hohe Genauigkeit von Swifts Daten nur damit erklären, daß er Zugang zu alten, uns unbekannten Quellen hatte. Wir kommen letztlich nicht um die Annahme herum, daß die beiden Marstrabanten bereits von frühzeitlichen Astronomen entdeckt und vermessen worden waren. Da die Babylonier sie nicht bzw. nicht mehr kannten und größere Teleskope erst wieder seit Herschel anzutreffen sind, müssen wir die verschollenen Quellen in vorbabylonischer Zeit suchen.

Woher kennen die Dogon das Sirius-System?

Es sind nicht nur ungewöhnliche Kenntnisse über Planetenmonde, die so gar nicht in das herkömmliche Weltbild passen. Besondere Aufmerksamkeit erregt das himmelskundliche Wissen der Dogon. Die Dogon sind ein zentralafrikanischer Stamm, der im heutigen Mali südlich von Timbuktu beheimatet ist. Von 1931 bis 1950 studierten die französischen Ethnologen Marcel Griaule und Ger-

maine Dieterlen bei wiederholten Aufenthalten Lebensgewohn-
heiten und Riten dieses Eingeborenenstammes. Dabei gelang es
ihnen, das Vertrauen der Dogon-Priester zu erwerben und Einblick
in ihre Geheimlehren zu erhalten. Neben vielen Einzelheiten, die
als mythische Legenden zu werten sind, fielen den beiden Forschern erstaunliche Astronomiekenntnisse auf. So berichteten
ihnen die Priester, daß der Mond wie trockenes und »totes« Blut
sei, der Jupiter vier Monde und der Saturn einen Ring besitze.
Sämtliche Planeten umkreisen ihrer Meinung nach die Sonne. Die
Milchstraße bezeichneten sie als die ferneren Sterne. Sie umfaßt
»die Sternenwelt, der auch unsere Erde angehört und rotiert auf
einer spiralförmigen Bahn«. Am außergewöhnlichsten aber sind
die Kenntnisse der Dogon über den Sirius und seinen Begleiter
Digitaria. Die alten Ägypter huldigten dem Sirius als Göttin Sothis,
für die Dogon hingegen ist der Stern Digitaria von wesentlich
größerer Bedeutung. Dieser unsichtbare Begleitstern, den sie auch
»Hungerreisstern« nennen, ist »der Stern, der als kleinster gilt und
zugleich der schwerste Himmelskörper.« Er umkreist Sirius einmal
in 50 Jahren auf einer langgestreckten Bahn, in deren einem
Brennpunkt der Sirius steht (Abb. 5).
Auch über den Ursprung ihres Geheimwissens konnten die Priester Auskunft geben. Vor einigen 1000 Jahren sei ein Raumschiff
von einem Planeten des Sirius-Systems zur Erde gelangt. Die
Nommos, so werden die Planetenbewohner genannt, hätten ihre
Kenntnisse ausschließlich den Dogon vermittelt.
Robert Temple, ein amerikanischer Sprachwissenschaftler, der
sich in seinem Buch »Das Sirius-Rätsel« mit den Untersuchungser-
gebnissen Griaules und Dieterlens ausführlich auseinandersetzt,
ist überzeugt, die Herkunft der Dogon nachweisen zu können.
Seiner Meinung nach läßt sich ihr Weg über die Garanten nach
Lybien und von dort weiter bis nach Ägypten in die vordynastische
Zeit vor 3200 v. Chr. zurückverfolgen. Von dort sollen die Vorfah-
ren der heutigen Dogon das geheime Wissen des Stammes mitge-
bracht haben. Temple vertritt die Auffassung, daß die frühen
Ägypter diese umfangreichen astronomischen Kenntnisse von
Bewohnern des Sirius-Systems vor 7000 bis 10 000 Jahren erhal-

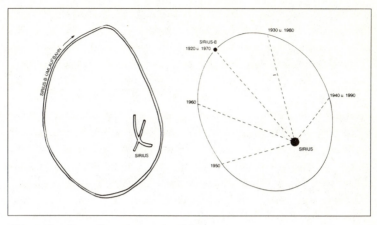

Abb. 5: Das Doppelsternsystem des Sirius
Links sehen wir die Darstellung des Sirius-Systems durch den zentralafrikani-
schen Stamm der Dogon, rechts das Ergebnis der modernen astronomischen
Forschung. Bemerkenswert ist, daß die Dogon den Sirius nicht in das Zentrum
der elliptischen Bahn, sondern in die Nähe eines Brennpunktes legen. (Temple,
R.: Das Sirius-Rätsel)

ten haben. Doch was sagen nun die Astronomen zu dem Wissen
der Dogon?
Seit 1844 ist bekannt, daß es sich bei Sirius tatsächlich um ein
Doppelsternsystem handelt. Der Astronom Friedrich Wilhelm
Bessel untersuchte in jahrelangen Beobachtungsreihen die Eigen-
bewegung des Sirius. Zu diesem Zweck mußte er mit dem Königs-
berger Heliometer die Positionen des Sternes genau vermessen.
Das Heliometer ist ein Spezialfernrohr, dessen Objektiv aus zwei
Hälften besteht, die sich gegeneinander verschieben lassen. Es
erlaubt, die Abstände eines hellen Sterns von lichtschwachen,
weit entfernten Hintergrundsternen auf Bruchteile einer Bogense-
kunde genau abzulesen. Dabei bemerkte Bessel, daß sich Sirius
nicht, wie zu erwarten, auf einer geradlinigen Bahn langsam
zwischen den Hintergrundsternen weiterbewegte, sondern Bahn-
schwankungen erkennen ließ. Diese in einem regelmäßigen
Rhythmus von 50 Jahren auftretenden Bahnänderungen werden,

29

wie Bessel richtig aus seinen Messungen schloß, durch einen bis dahin unentdeckten Begleitstern verursacht. Sirius, der die Bezeichnung Sirius A erhielt, und sein wesentlich lichtschwächerer Begleiter Sirius B umkreisen in 50 Jahren einmal einen gemeinsamen Schwerpunkt. 1862 entdeckte Alvan G. Clark bei der Prüfung eines seiner hervorragenden Teleskopobjektive Sirius B in unmittelbarer Nähe des Hauptsternes. Infolge seiner enormen Helligkeit überstrahlt Sirius A den lichtschwachen Begleitstern in kleineren Instrumenten derart, daß er nicht zu sehen ist.

Und wie sieht es nun mit der Behauptung der Dogon aus, daß sie ihr Wissen von Besuchern aus dem Sirius-System erhielten? Daß Planeten auch in einem Doppelsternsystem vorkommen, wird so schnell kein Astronom anzweifeln. Die Frage ist lediglich, inwieweit Planeten unter dem Einfluß von zwei Sonnen unterschiedlichen Abstandes geeignete Lebensbedingungen aufweisen können. Von dem Sirius-System jedenfalls weiß man heute, daß noch vor einigen 1000 Jahren ein starker Austausch heißer Gase zwischen Sirius A und B stattfand. Die Entstehung höheren Lebens auf einem Planeten dieses Sternensystems ist daher unwahrscheinlich.

Damit entfällt natürlich auch ein Besuch von Sirius-Astronauten auf unserer Erde. Ist es vielleicht möglich, daß die Dogon ihr Wissen von versierten Afrikareisenden unserer Zeit erhalten haben? Diese Frage können wir aus zwei Gründen verneinen. Erstens sind die Erkenntnisse derart stark mit mythischen Vorstellungen verknüpft, daß die Überlieferungen nur im Laufe von langen Zeiträumen entstanden sein konnten. So berichten die Dogon von ihrem höchsten Gott Amma, dem Schöpfer der Welt: »Vieles gärte bei der Schöpfung in Amma, der umherwirbelnd und tanzend all die spiralförmig rotierenden Sternenwelten des Universums schuf. Durch Ammas Wirken trat das All nach und nach in die Wirklichkeit.« Zweitens sind gerade unsere wissenschaftlichen Erkenntnisse über die Eigenschaften des Begleitsterns Sirius B so neu, daß ihr Einbau in Mythen zeitlich gar nicht möglich war. Wenn wir uns nicht auf die Außerirdischen-Hypothese zurückziehen wollen, kommen wir nicht umhin, astronomische Fernrohrbeobachtungen in vorägyptischer Zeit anzunehmen. Dabei muß uns die technische Perfektion jener frühen Beobachter erstaunen. Sind doch exakte Fernrohrmontierungen in Verbindung mit hochpräzisen feinmechanischen Meßeinrichtungen unabdingbare Voraussetzung für diese über Jahre hinweg laufenden Positionsbestimmungen.

Moderne Astrophysik im afrikanischem Urwald

Es fällt uns nicht leicht, einer frühen Hochkultur ein Wissen zuzutrauen, das wir uns erst in den letzten Jahren und Jahrzehnten erworben haben. Doch was sollen wir zu der Feststellung der Dogon sagen, daß der Sirius-Begleiter der kleinste und zugleich schwerste Körper des Universums ist? Die ungewöhnlichen Eigenschaften dieses Sterns begannen nämlich unsere Astronomen gerade erst zu erkennen, als sie für die Dogon schon eine Selbstverständlichkeit waren.

Wie wir heute wissen, gehört Sirius B zu den sogenannten Weißen Zwergsternen, das heißt, er befindet sich in einem äußerst kompakten Stadium der Sternentwicklung. Auch unsere Sonne wird sich in einigen Milliarden Jahren gegen Ende ihres Entwicklungsweges in einen Weißen Zwerg verwandeln. Der Stern, der ursprünglich einen Durchmesser von mehr als einer Million Kilometer besaß, wird, wenn er dieses Entwicklungsstadium erreicht hat, auf die rund dreifache Größe unserer Erde geschrumpft sein. Das heißt, sein Durchmesser beträgt dann keine 40 000 Kilometer mehr. Entsprechend hoch ist dann seine mittlere Dichte geworden. Während ein Kubikzentimeter Sonnenmaterie im Durchschnitt 1,4 Gramm wiegt, ist bei dem Siriusbegleiter die Dichte auf den annähernd 100 000fachen Betrag angewachsen. Ein Fingerhut voll Sternmaterie wiegt dann zehn Zentner!

Um eine Vorstellung von der Beschaffenheit des Sirius B zu erlangen, müssen jene Frühzeitastronomen den schwer zu beobachtenden Begleitstern näher untersucht, die Massen der beiden Sterne berechnet und einen weitreichenden Einblick in die

Zusammenhänge der Sternentwicklung besessen haben. Dabei sollten wir nicht vergessen, daß noch im Jahre 1920 viele Astronomen die ersten Berechnungen, die den Sirius B als Himmelskörper mit riesiger Dichte erscheinen ließen, als unvorstellbar ablehnten. Erst etliche Jahre später, in den 30er Jahren unseres Jahrhunderts, fing man allmählich an, in Verbindung mit dem beginnenden Einblick in kernphysikalische Zusammenhänge, Modelle für die Sternentwicklung auszuarbeiten. Erst danach konnte man sich so hohe Materiedichten vorstellen, wie sie in einem Weißen Zwergstern auftreten. Da wohl niemand unterstellen will, daß ein Astrophysiker die neuesten Theorien des Sternenaufbaus, kaum daß sie in Fachkreisen diskutiert wurden, den Dogon mitgeteilt hat und daß diese dann sofort Ergebnisse dieser Theorien mythisch eingekleidet in ihre Geheimlehren aufgenommen haben, bleibt uns nur die Wahl zwischen zwei Möglichkeiten. Die eine besteht darin, daß wir bereit sind, außerirdische Besucher als Informanten anzunehmen. Dagegen sprechen, wie wir später sehen werden, eine ganze Reihe schwergewichtiger Argumente. Die zweite Möglichkeit ist, daß wir uns entschließen, einer vorägyptischen Kultur die Fähigkeit und Fertigkeiten zuzubilligen, die zum Erlangen derartiger Erkenntnisse nötig waren. Präzise gesagt heißt dies, daß jene Kultur bereits vor Jahrtausenden astronomische Kenntnisse und Methoden unseres Jahrhunderts besaß. Diese erste Hochzivilisation wollen wir im weiteren Verlauf »Antiliden« nennen, nach der legendären versunkenen Atlantikinsel Antilia.
Im nächsten Kapitel werden wir sehen, welche erstaunlichen Leistungen diese Antiliden auch auf anderen Gebieten zuwege brachten.

II

Die großen Seefahrer und Kartographen

Mit einer alten Seekarte fing alles an

Es gibt Daten in der Geschichte der Wissenschaften, deren Bedeutung erst zu einem wesentlich späteren Zeitpunkt erkennbar wird. Ein solches Datum ist der 9. Oktober 1929. An diesem Tag entdeckten der deutsche Theologe Adolf Deissmann und der Orientalist Paul Kahle in einem Bündel alter Karten aus der Bibliothek des Alten Serail in Konstantinopel das Fragment einer Weltkarte. Wie aus den auf der Karte enthaltenen Anmerkungen hervorgeht, war sie von Piri Rei's im Jahre 1513 gezeichnet worden. Deissmann und Kahle erkannten sofort die Bedeutung ihres Fundes, handelte es sich doch bei Piri Rei's um einen türkischen Flottenadmiral, der sich als Kartograph und Verfasser des umfassenden Segelhandbuches »Bahrije« einen Namen gemacht hatte. In den darauffolgenden Jahren unterzogen verschiedene Experten das neu entdeckte Weltkartenfragment einer eingehenden Untersuchung. Vielleicht wäre diese Karte, so wie schon manche andere Entdeckung, wieder in Vergessenheit geraten, hätte nicht Charles H. Hapgood, Professor für Geschichte der Wissenschaften am Keene State College, das Protokoll einer Rundfunkdiskussion in die Hände bekommen.

Dieses Rundfunkgespräch fand am 26. 8. 1956 zwischen M. J. Walters, einem Kartographen im Hydrographischen Amt der U. S. Marine, Daniel L. Linehan, Direktor des Weston Observatoriums vom Boston College, und Kapitän Arlington H. Mallery, einem erfahrenen Navigator und Archäologen, statt. Mallery vertrat in der Diskussion die erstaunliche Meinung, daß die südlichsten Teile von Piri Rei's Karte Buchten und Inseln der Antarktisküste des Königin-Maud-Landes zeigten, die heute von der antarktischen

Eiskappe bedeckt und damit nicht erkennbar sind. Er folgerte daraus, daß die Küste kartographiert wurde, als sie noch nicht von Eis bedeckt war. Dies war eigentlich eine recht gewagte Schlußfolgerung, wenn wir bedenken, daß im 16. Jahrhundert, als Piri Rei's seine Karte gezeichnet hatte, die Antarktis noch »unbekannt« war. Doch Walters und Linehan, Wissenschaftler von Rang, schlossen sich Mallerys Feststellung an. Hapgood erkannte sofort die Bedeutung dieser Karte und beschloß daher, sie einer eingehenden Prüfung zu unterziehen. Im folgenden werden wir sehen, zu welchen aufsehenerregenden Ergebnissen und Weiterungen sein Entschluß führte.

Die geniale Idee eines Professors

Als Hapgood sich daranmachte, die Piri-Rei's-Karte auszuwerten, entschloß er sich, seine Studenten in die Arbeit mit einzubeziehen. Dabei ließ er sich von folgendem Gedanken leiten:
»Es war meine Angewohnheit zu versuchen, sie (die Studenten) für Probleme an den Grenzen des Wissens zu interessieren, weil ich glaube, daß ungelöste Probleme einen größeren Anreiz für ihre Intelligenz und ihr Vorstellungsvermögen bieten, als es bereits gelöste Probleme tun, die aus Lehrbüchern stammen. Ebenso hatte ich seit langem den Eindruck, daß ein Amateur eine weit wichtigere Rolle in der Wissenschaft spielt, als bisher anerkannt ist. Ich lehrte Geschichte der Wissenschaften, und mir wurde dabei das Ausmaß bewußt, in welchem die meisten fundamentalen Entdeckungen (manchmal auch ›Durchbrüche‹ genannt) von den Experten der betroffenen Gebiete angefeindet worden sind. Es ist augenfällig eine Tatsache, daß jeder Wissenschaftler als Amateur beginnt. Kopernikus, Newton, Darwin waren alle Amateure, als sie ihre großen Entdeckungen machten. Erst über viele Jahre voller Arbeit und Mühe hinweg wurden sie zu Spezialisten auf ihren Gebieten, welche sie selbst geschaffen hatten. Jedoch wird ein Spezialist, der damit angefangen hat, das zu lernen, was andere vor ihm gemacht hat-

ten, nicht derjenige sein, der etwas absolut Neues einführen wird.

Ein Experte ist jemand, der alles weiß oder zumindest fast alles, und er ist jemand, der normalerweise glaubt, daß er alles Wichtige auf seinem Gebiet weiß. Und wenn er nicht denkt, daß er alles weiß, so weiß er auf jeden Fall, daß die anderen Leute weniger wissen, und er glaubt außerdem, daß Amateure überhaupt nichts wissen. Deshalb hegt er eine unkluge Geringschätzung gegenüber den Amateuren, und das, obwohl unzählige wichtige Entdeckungen auf allen Gebieten Amateuren zuzuschreiben sind.«

Bei dem Kartenbruchstück handelt es sich um den westlichen Teil einer Weltkarte, der Westafrika, den Atlantik sowie Südamerika umfaßte. Die Darstellung erfolgte im Stil der zu dieser Zeit üblichen *Portolankarten*. Nach eigenen Angaben hatte Piri Rei's seiner Karte 20 Ursprungskarten zugrunde gelegt.

Ein unbekanntes Gradnetz wird entschlüsselt

Die schwierigste Aufgabe bei der Entschlüsselung von Piri Rei's Karte war die Bestimmung der genauen Lage des Kartenzentrums und der im Atlantik gelegenen Zentren von fünf *Kompaßrosen*. Allein das Herausfinden des exakten Zentralpunktes beanspruchte drei Jahre intensivster Arbeit. Dann wußten es die Forscher: Er lag auf dem nördlichen Wendekreis bei 32° 30′ östlicher Länge, in der Nähe der antiken Stadt Syene in Ägypten. Jetzt konnte endlich die Karte in ein modernes Gradnetz übertragen und genau vermessen werden. Dabei zeigte es sich, daß sich die langwierigen Vorarbeiten gelohnt hatten. Hapgood und seine Mitarbeiter waren begeistert.

22 geographische Punkte konnten sie mit Sicherheit identifizieren. Und sämtliche Punkte wiesen sowohl in der geographischen Breite als auch in der Länge eine verblüffende Genauigkeit auf. Die Breitenabweichung betrug nur 0,7 Grad und der mittlere Längenfehler nur 1,8 Grad. Eine derartige Genauigkeit war bis-

her bei Karten des 15. und 16. Jahrhunderts völlig undenkbar gewesen. Fehlten doch damals jegliche Meßinstrumente für eine exakte Längenbestimmung. Piri Rei's mußte deshalb äußerst präzise Vorlagen besessen haben. Was waren das aber für Kartenvorlagen, die er benutzt hatte? Und wer waren die Kartographen dieser Ursprungskarten? Gehen wir auf die Suche nach ihnen in der Geschichte weiter zurück, so stoßen wir auf die Phönizier, die ausgezeichnete Seefahrer waren. Jedoch auch ihnen standen nicht die erforderlichen Meßgeräte zur Verfügung. Die Ursprungskarten, die Piri Rei's seiner Karte zugrunde legte, die sogenannten Urportolane, müssen deshalb einer noch früheren, uns unbekannten Hochkultur entstammen. Hierfür sprechen auch so manche Details der Karte. So fallen beispielsweise auf dem südamerikanischen Festland die Anden auf, die wirklichkeitsgetreu auf der Westseite des Kontinents eingezeichnet sind (Abb. 6, s. Bildteil). Sie waren 1513 ebensowenig bekannt wie etwa der exakt wiedergegebene Verlauf des Flusses Atrato in Kolumbien.

Eine große Insel mitten im Atlantik

Mitten im Atlantik, dort, wo heute die kleinen Felseninseln St. Peter und St. Paul liegen, befindet sich auf der Karte Piri Rei's eine große Insel. Bedenkt man, daß an dieser Stelle des Atlantiks, direkt auf der Spitze des Atlantischen Rückens, in 2,3 Kilometer Meerestiefe ein ausgedehntes Plateau vorhanden ist, dann stellt sich einem fast automatisch die Frage, ob es sich hier vielleicht um das sagenumwobene untergegangene Inselreich Atlantis handeln könnte. Auch Reinelts Karte aus dem Jahr 1510 läßt an der gleichen Stelle eine große Insel erkennen.
Auffallend an der Karte ist, daß im Süden die Drakestraße fehlt und der antarktischen Küste einige Inseln vorgelagert sind. 1949 wurden von einer Antarktisexpedition Schwedens, Großbritanniens und Norwegens in diesem Bereich Tiefenprofile vermessen und anhand der ausgewerteten Daten die Kartenangaben bis ins Detail bestätigt! Diese von der Station Maudheim ausgehenden Untersu-

chungen erbrachten ganz eindeutig den Nachweis von Küstenfor-
mationen mit Gebirgen und vorgelagerten hohen Inseln unter der
Eisdecke.

Wer zeichnete eine eisfreie Antarktis?

Würde der mächtige antarktische Eispanzer abschmelzen, dann
erschienen Inseln vor der antarktischen Küste. Dies deutet darauf
hin, daß die Zeichner der »Urkarten« Kenntnis von einer eisfreien
Antarktis besessen haben mußten.
Nach diesen ersten Erfolgen versuchte Hapgood, auch andere
Karten des Mittelalters und der Renaissance in seine Untersuchungen mit einzubeziehen. Im Archiv der Kongreßbibliothek hoffte er,
geeignetes Kartenmaterial zu finden. Man hatte ihm auf seine Bitte
hin einige 100 Karten herausgesucht, die es nun für ihn zu sichten
galt. Bei dieser Arbeit entdeckte er manche aufschlußreiche Einzelheit, mit der er nicht gerechnet hatte. Und da, eines Tages, so
berichtet Happgood, als er wieder ein neues Kartenblatt in die
Hände nahm, erstarrte er bei dem Anblick, der sich ihm bot. Er sah
auf dem Blatt die Antarktis so vor sich, als wäre sie einem
neuzeitlichen Kartenwerk entnommen. Und das auf einer Karte,
die 1531, das heißt 250 Jahre vor der Entdeckung des sechsten
Kontinents, entstanden war (Abb. 7, s. nächste Seite). Was ihn aber
am stärksten beeindruckte, waren die erkennbaren Details. Sie
deuteten darauf hin, daß die Antarktis kartographiert wurde, als sie
sich in einem eisfreien Zustand befand.
Hapgood begann sofort mit einer eingehenden Analyse. Ähnlich
wie bei der Portolankarte des Piri Rei's ergab sich bei dieser Karte
des Oronteus Finaeus zunächst die Schwierigkeit, das unbekannte
Gradnetz der *Herzblattdarstellung* in ein modernes Kartennetz zu
übertragen. Unter immensem Arbeitsaufwand gelang Hapgood
und seinen Mitarbeitern die Lösung dieses Problems. Das Bild, das
sich ihnen danach bot, war faszinierend: Ausgehend von den
Küsten des Königin-Maud-Landes (Abb. 8, s. S. 41), des Enderby-
Landes (B), des Wilkes-Landes (C) und des Marie-Byrd-Landes (D)

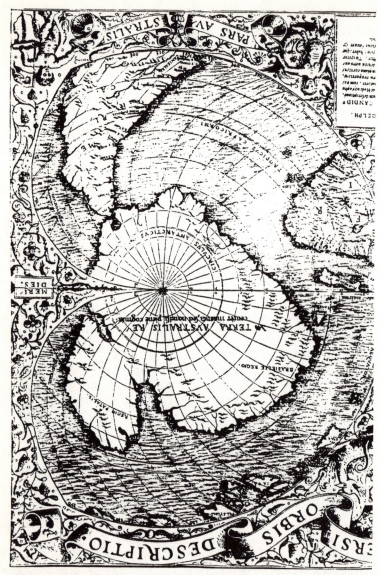

Abb. 7: Die Antarktis 250 Jahre vor ihrer Entdeckung (Um einen Vergleich der beiden Karten zu erleichtern, wurde die Abbildung um 180° gedreht, Facsimile Atlas des Nordenskiöld)

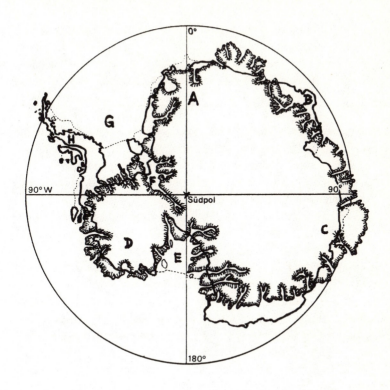

Abb. 8: Vergleich der Karte von 1531 mit einer modernen Antarktiskarte
(nach Hapgood, Ch.: The Maps of the Ancient Sea Kings)
Oronteus Finaeus zeichnete 1531 die Antarktis mit einer ungewöhnlichen
Genauigkeit (Abb. 7). Deutlich erkennbare Flüsse weisen darauf hin, daß
Kartenvorlagen existiert haben müssen, die eine eisfreie Antarktis zeigten. Nach
Prof. Hapgood würde die Antarktis heute ohne Eiskappe genau so erscheinen
(Abb. 8), wie sie Oronteus Finaeus dargestellt hat:

〒〒〒〒〒〒〒 Antarktis-Küstenlinie in der Karte des O. Finaeus
─────────── heutige Küstenlinie
─ ─ ─ ─ ─ ─ ─ Schelfeisgrenze

A = Königin-Maud-Land   E = Ross-Meer
B = Enderby-Land   F = Edith-Ronne-Land
C = Wilkes-Land   G = Wedell-Meer
D = Marie-Byrd-Land   H = Grahamland und Palmerland

erscheinen landeinwärts beträchtliche Bereiche eisfrei zu sein. Beobachtungen und Messungen, die 1958 im Rahmen des Internationalen Geophysikalischen Jahres durchgeführt wurden, erklären sehr gut einzelne Abweichungen der Oronteus-Finaeus-Karte von der heute sichtbaren Gestalt der Antarktis. Danach gibt es unter dem Ross-Schelfeis kein Festland (E). Im Edith-Ronne-Land (F) reicht der Felsuntergrund bis zum Wedell-Meer (G). Wenn die antarktische Eiskappe abschmelzen würde, läge dieses felsige Land aber unter Wasser. Es muß daher auf der Oronteus-Finaeus-Karte fehlen, falls auf der Urkarte diese Region in eisfreiem Zustand gezeichnet worden war.

Von der antarktischen Halbinsel, dem Grahamland und Palmerland (H) ist auf der Karte nur ein Teil der Basis vorhanden, der Hauptteil fehlt. Nach den Untersuchungsergebnissen von 1958 bliebe bei einem Fehlen des Eispanzers von der gesamten Halbinsel tatsächlich nur eine von Meer umgebene Insel übrig.

Besonders interessant sind auf der Oronteus-Finaeus-Karte die Küstenregionen des Ross-Meeres (E). An den Stellen, an denen sich heute große Gletscher wie der Beardmore- und Scott-Gletscher befinden und jährlich Millionen Tonnen Eis ins Meer stürzen, läßt die Karte breite, fjordartige Flußmündungen erkennen, deren Abmessungen den heutigen Gletschern entsprechen und zum Teil die gleiche geographische Position aufweisen. Um diese Flüsse mit Wasser zu speisen, mußte zu dem Zeitpunkt, als die Ursprungskarte angefertigt wurde, ein nicht unbeträchtlicher Teil des Hinterlandes eisfrei gewesen sein. Heute dagegen ist das Hinterland von einem kilometerdicken Eispanzer und der vorgelagerte Teil des Ross-Meeres vom Ross-Schelfeis bedeckt.

Angesichts dieser spektakulären Untersuchungsbefunde wird mancher kritische Leser jetzt fragen, ob es noch andere Beweise für eine eisfreie Antarktis in prähistorischer Zeit gibt. Und in der Tat gibt es welche. Im Jahre 1949 wurden von der Byrd-Antarktisexpedition dem Boden des Ross-Meeres einige Bohrproben entnommen. Die darin enthaltenen Sedimente unterzog man im Carnegie Institut in Washington einer genauen Analyse. Sie ergab zur allgemeinen Verwunderung, daß während der letzten Million

Jahre der Bereich des Ross-Meeres mehrmals eisfrei gewesen sein muß. Die Bohrproben enthielten nämlich an verschiedenen Stellen größere Mengen extrem feinkörniger Sedimente, wie sie von Flüssen aus eisfreiem Land ins Meer transportiert werden. Sämtliche Bohrproben ergaben übereinstimmend, daß die letzte Wärmeperiode in dieser Region vor 6000 Jahren endete. Begonnen hatte sie vor annähernd 25 000 Jahren. Ein wirklich erstaunliches Ergebnis! Bedeutet es doch: Die Ursprungskarte mit den Küsten des Ross-Meeres muß vor mehr als 6000 Jahren enstanden sein! Hapgood vermutet, daß zum damaligen Zeitpunkt die antarktische Eiskappe bereits vom Inland her bis zu den Randgebirgen vorgedrungen war, da die Vereisung der Antarktis nicht erst mit dem Ende der Wärmeperiode, sondern schon vor 17 000 Jahren begann. Die Antarktis dürfte infolgedessen spätestens vor 12 000 Jahren unbewohnbar geworden sein. Die Gründe für das Vereisen der Antarktis sieht Hapgood in einer Verlagerung der geographischen Pole unserer Erde.

Natürlich ist jetzt die Frage berechtigt: Woher wissen wir, daß sich die Pole tatsächlich verlagert haben? Die Antwort liefern die modernen Verfahren der Gesteinsanalyse. *Paläomagnetische Gesteinsuntersuchungen* ergaben 200 Polverschiebungen im Laufe der geologischen Geschichte, 16 davon in der letzten Million Jahre. Die jüngste Polverschiebung begann vor 17 000 Jahren und dauerte 5000 Jahre. Die Ursache für die Polwanderung dürfte in einer Verlagerung der festen Erdkruste auf den weicheren Magmaschichten des Erdmantels zu suchen sein. Nordamerika driftete dabei südwärts, während die östliche Hemisphäre der Erde nordwärts wanderte. Der Nordpol verlagerte sich infolgedessen von der Hudson-Bay, wo er sich vor 17 000 Jahren befand, zu seiner heutigen Position. Der Südpol war ursprünglich im indischen Ozean vor dem Wilkes-Land gelegen. Während seiner Wanderung in die Antarktis setzte deren Vereisung ein. Gleichzeitig begann der nordamerikanische Eispanzer abzuschmelzen, während in Nordsibirien eine merkliche Abkühlung und Klimaverschlechterung erfolgte.

Eine Karte zeigt Grönland ohne Eis

Als nächstes ging Hapgood der Frage nach, ob vielleicht auch alte Karten existierten, die in den nördlichen Breiten unserer Erde Hinweise auf eiszeitliche oder nacheiszeitliche Veränderungen enthielten. Eine der ersten Karten, bei denen er fündig wurde, war Zenos Karte des Nordens aus dem Jahre 1380 (Abb. 9). Das

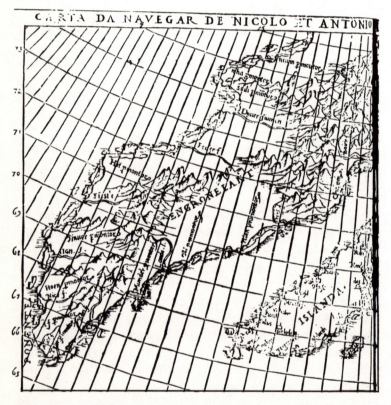

Abb. 9: Zenos Karte des Nordens
Diese Karte aus dem Jahr 1380 zeigt Grönland in einem weitgehend eisfreien Zustand, wie er bis vor etwa 10 000 Jahren herrschte. (Facsimile Atlas des Nordenskiöld)

Besondere an dieser Karte ist der Umstand, daß sie Grönland ohne Eiskappe zeigt. Außer den Gebirgen im Norden und Süden Grönlands läßt sie in der Mitte eine ausgedehnte Ebene erkennen. Und nun kommt etwas geradezu Verblüffendes. Moderne seismische Untersuchungen haben ergeben, daß sich unter der gegenwärtigen mächtigen Eisdecke tatsächlich eine derartige Ebene befindet. Schließlich ist auf Zenos Karte im Nordosten Grönlands eine Eisschicht zu sehen. Diese Befunde lassen eigentlich nur den Schluß zu, daß die Ursprungskarte entstand, als in Grönland ein temperiertes, das heißt ein halbeiszeitliches Klima herrschte. Eine weitere Karte, die ähnliche Klimabedingungen widerspiegelt, ist die Karte des Nordens, die Ptolemäus im 2. Jahrhundert n. Chr. zeichnete. Auch auf dieser Karte ist Grönland nur teilweise von Eis bedeckt. In Schweden sind Gletscherüberreste und Abschmelzvorgänge erkennbar. Gewaltige Wassermassen fließen zum Vänersee und von dort zum Meer. Im Zusammenhang mit der Polverschiebung dehnt sich das Eis in Grönland südwärts aus, während gleichzeitig mit dem Verschwinden der nordamerikanischen Eiskappe die skandinavischen und mitteleuropäischen Gletscher abschmelzen.

Die in der Karte erkennbaren Klimaänderungen lassen nur den einen Schluß zu: Die Ursprungskarten müssen spätestens vor 10 000 Jahren gezeichnet worden sein!

Wie kommen Robben in das Kaspische Meer?

Eine weitere, sehr aufschlußreiche Karte stammt von Eratosthenes. Sie enthält ebenso wie die Karte des römischen Kartographen Pomponius Mela eine Verbindung zwischen dem Kaspischen Meer und dem Arktischen Ozean (Abb. 10, s. nächste Seite). Eratosthenes, der im 3. Jahrhundert v. Chr. lebte, fand wahrscheinlich in der Bibliothek von Alexandria Hinweise auf eine derartige Verbindung, die bis vor etwa 10 000 Jahren tatsächlich bestanden haben dürfte. Sowohl geologische als auch zoologische Argumente bestätigen diese Annahme. In dem über 2000 Kilometer

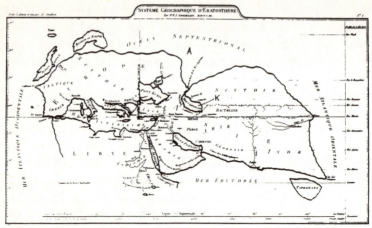

Abb. 10: Die Karte des Eratosthenes
Eratosthenes zeichnete im 3. Jahrhundert v. Chr. in seiner Karte eine Verbin-
dung zwischen dem Kaspischen Meer (K) und dem Arktischen Ozean (A) ein.
(Kartenwerk Periplus des Nordenskiöld)

breiten Gebiet, das gegenwärtig die beiden Meere trennt, befindet sich die Kaspisenke, die in vorgeschichtlicher Zeit eine Meeresbrücke zwischen Arktischem Ozean und Schwarzem Meer war. Noch heute kommen die Ringelrobbe und andere arktische Tiere im Kaspischen Meer vor. Diese kälteliebenden Tierarten haben sich, so hat es jedenfalls den Anschein, erstmals nach der Polverschiebung und der damit verbundenen Abkühlung vor rund 12 000 Jahren im zuvor warmen Arktischen Ozean angesiedelt und sind von dort aus auf dem Wege über die bestehende Wasserverbindung in das Kaspische Meer vorgedrungen.

Flüsse und Seen in der Sahara

Interessant für uns ist auch die Weltkarte des Ptolemäus. Sie zeigt uns eine ganz andere Region der Erde. Und zwar Nordafrika. Allerdings in einem Zustand, der deutlich von dem gegenwärtigen abweicht. Neben großen Seen kann man einige Flüsse erkennen,

46

die nordwärts gerichtet sind und ins Mittelmeer münden. Einer dieser Flüsse erreicht das Meer bei Karthago, ein zweiter endet im Golf von Skira. Heute sind an den betreffenden Stellen bestenfalls Trockentäler anzutreffen, die auf ehemalige Wasserläufe hindeuten. Daß es sich bei den eingezeichneten Flüssen und Seen nicht um Phantasieprodukte handeln kann, beweisen die starken Klimaänderungen, die sich in Nordafrika wie auch in Europa vollzogen haben. War es bis zum Ende der Eiszeit in Nordafrika recht kühl und trocken, so setzte ab etwa 9000 v.Chr. eine warme Feuchtphase ein. Diese an Niederschlägen reiche Zeit führte zu einer üppigen Vegetation in Gebirge und Ebenen und als Folge davon zu einer zunehmenden Besiedelung. 2000 Jahre später begann die Sahara wieder auszutrocknen, so daß sich die Bewohner, Hirten und Jäger, zur Abwanderung in südlichere Teile Afrikas gezwungen sahen. Aus diesen Daten können wir ableiten, wann die Ursprungskarte gezeichnet wurde, die dieser Weltkarte zugrunde liegt: nicht später als 6000 v.Chr.!

Damit begegnen wir bereits zum sechsten Male einem derart hohen Ursprungsalter der Karten. Sollte das ein Zufall sein? Mit Sicherheit nicht. Es zeigt uns vielmehr, daß die Antiliden schon vor Jahrtausenden die Kontinente und Meere gründlich erforschten.

Dravidia, eine Großinsel vor dem indischen Festland

Mit einem hochinteressanten Problem konfrontiert uns die Weltkarte des Hama King aus den Jahren 1502–1504. Werfen wir einen Blick auf ihre östliche Hälfte, dann vermissen wir den indischen Subkontinent (Abb. 11, s. nächste Seite). Statt dessen finden wir eine riesige Insel inmitten einer überfluteten Halbinsel. Bei dieser Insel könnte es sich um das alte Dravidia handeln, einst das Zentrum einer großen maritimen Zivilisation, die ihre kulturelle Blütezeit bereits erreicht hatte, als die Ägypter und Sumerer erst ihre Anfangsschritte in die Weltgeschichte machten. In den indischen Veden wird an mehreren Stellen von dieser Insel Dravidia berichtet. William F. Warren (1898) und B. G. Tilak (1903 bzw.

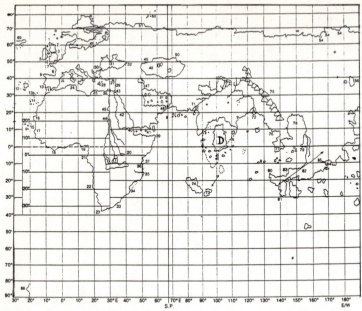

Abb. 11: Die Karte des Hama King
In dieser von Professor Hapgood in ein modernes Gradnetz übertragenen Karte
fehlt der indische Subkontinent. Dafür ist eine große Insel – möglicherweise
Dravidia – eingetragen (D). (Hapgood, Ch.: a. a. O.)

1956) vermuteten den Ursprung der Bewohner Dravidias im
nördlichen Polarbereich, da einzelne Literaturstellen eine ausgezeichnete Beschreibung der polaren Bedingungen, einschließlich
der Länge von Polartag und Polarnacht, enthalten. Diese Idee ist
sicher gut. Nur läßt sich im nördlichen Polarbereich kein geeignetes Festland nachweisen. Hapgood hält daher die Antarktis als
Heimat der Dravidianer für wahrscheinlicher. Seiner Meinung
nach wurden diese vielleicht vor 15 000 bis 10 000 Jahren, als
sich das Eisschild der Antarktis aufbaute, zur Emigration über den
Pazifik an die Südspitze Indiens gezwungen.
Daß diese Südspitze als große Insel vom Festland abgetrennt war,
ließ sich inzwischen durch geologische Befunde belegen.
So lassen sich nach A. K. Dey ausgedehnte Strände feststellen, die

Die Karte des Piri Rei's. Diese erst 1929 entdeckte Karte führte zu einem grundlegenden Wandel in unseren Vorstellungen von Alter und Herkunft früher Erdkarten. Sie enthält unter anderem im Atlantik die große Insel Antilia und ganz im Süden Teile der Antarktis in eisfreiem Zustand (aus Ch. Hapgood: Maps of The Ancient Sea Kings) (Abb. 6)

Das Floß des Thor Heyerdahl. Mit diesem Floß aus Balsaholz legte der Norweger 1947 im Pazifik eine Strecke von rund 8000 Kilometern zurück (Th. Heyerdahl: Kon-Tiki) (Abb. 13)

Die Entwicklung der Kunst in der Eiszeit. Felsmalerei in der ältesten Höhle Südamerikas. In Pedra Furada malten Eiszeitmenschen vor 30 000 Jahren einfache Kopffüßler. Die hellen Übermalungen stammen aus jüngeren Epochen (N. Guidon: Mission Française du Piaui) (Abb. 14)

Kunstvoller, aus Knochen geschnitzter Frauenkopf aus Brassempouy in Frankreich (J. Vertut: Issy-les-Moulineaux) (Abb. 15)

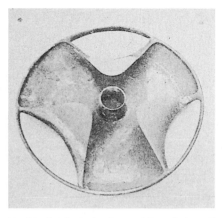

Hochtechnologie in einem altägyptischen Grab? Dieser merkwürdige Gegenstand wurde in dem nahezu 5000 Jahre alten Grab des Prinzen Sabu gefunden (W. Emery: a. a. O.) (Abb. 18)

Ein Krieger vom Volk der Einarmigen. Felsgravierungen im Tal von Valcamonica (Italien) zeigen einen Angehörigen des Volkes der »Einarmigen«. Dieser legendäre Volksstamm soll die Kunst des Fliegens beherrscht haben (Dr. Pfirrmann) (Abb. 20)

Ein Nuraghenturm auf der Insel Sardinien. Derartige seit dem 2. Jahrtausend v. Chr. erbaute Nuraghen waren wahrscheinlich der Sitz von Würdenträgern und dienten zugleich als Fluchtburg (Dr. Pauli) (Abb. 21)

Eine Naveta auf der Insel Menorca. Dieser zweistökkige Totentempel wurde um 2000 v. Chr. errichtet. Man fand in seinem Inneren fein gearbeiteten Bronzeschmuck, ein Beweis für die kulturelle Entwicklungshöhe der damaligen Bewohner (Archiv S. v. Reden) (Abb. 22)

Das weiße Pferd von Uffington. In England gibt es eine Reihe überdimensionaler Scharrbilder aus der Latène-Zeit, deren größtes das weiße Pferd von Uffington ist (Silvestris) (Abb. 24)

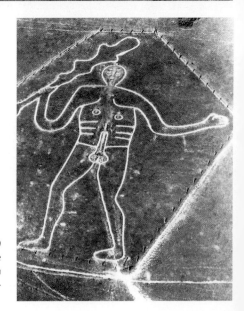

Der Riese von Cerne Abbas. Vor rund 2300 Jahren entstand diese riesige menschliche Figur. Durch Entfernen der Grasnarbe kam der weiße Kreidefelsuntergrund zum Vorschein (Aerofilms) (Abb. 25)

einst auf der Höhe der Indus- und Gangesmündungen weit ins Landesinnere reichten.

Bei den Untersuchungen der zahlreichen Karten fiel dem Forscherteam ein Phänomen besonders auf. Die Zeichner der Urkarten verstanden es offensichtlich schon vor Jahrtausenden, die Kartengenauigkeit auch über riesige Strecken hinweg zu erhalten. Bei der Weltkarte des Andreas Benicasa von 1508 beispielsweise beträgt in dem Bereich zwischen Gibraltar und Batum im Kaukasus die mittlere Längenabweichung nur 0,5 Grad. Die Länge des dargestellten Kartenabschnitts mißt in diesem Fall 4800 Kilometer. Bei derartigen Entfernungen ergibt sich ein kartographisches Problem, das die Zeichner der Urkarten offensichtlich bereits zu lösen vermochten. Punkte der sphärisch gekrümmten Erdoberfläche mußten auf eine ebene Karte übertragen werden. Genaue Untersuchungen der Portolankarte des Dulcert von 1339, der Karte De Canerios oder Piri Rei's, verbunden mit eingehenden Berechnungen, an denen neben Richard Strachan zeitweilig auch Prof. E. A. Wixion und Dr. J. M. Frankland beteiligt waren, führten zu einem verblüffenden Ergebnis. Den meisten untersuchten Karten liegen offenbar die gleichen Ursprungskarten zugrunde, und diese dürften aller Wahrscheinlichkeit nach unter Benutzung der sphärischen Trigonometrie gefertigt worden sein.

Führen wir uns vor Augen, was dies bedeutet. Nach siebenjähriger intensivster Forschungsarbeit stand für Hapgood und seine Mitarbeiter fest, daß eine uns unbekannte seefahrende Hochzivilisation unter Anwendung leistungsfähiger Meßinstrumente und trigonometrischer Berechnungen unsere Erde von der Antarktis bis Grönland und von Südamerika bis Ostasien vermessen und kartographiert hat. Diese kartographischen Arbeiten erstreckten sich über einen Zeitraum von mehreren tausend Jahren. Sie waren offensichtlich vor etwa 6000 Jahren abgeschlossen, da die danach erfolgten starken Klimaveränderungen unberücksichtigt blieben. Ihre Anfänge sind vor mindestens 10 000 bis 12 000 Jahren zu suchen.

Wie tüchtig die Antiliden, denn um die handelt es sich, als Kartenzeichner waren, zeigt uns eine kurze Überlegung. Die von ihnen erreichte Genauigkeit muß wesentlich größer gewesen sein, als aus den Karten des 16. Jahrhunderts hervorgeht. Denn ihre Karten wurden im Laufe der Jahrtausende wiederholt kopiert – von Zeichnern, die von den genauen Meßmethoden der Antiliden keine Ahnung hatten. Berücksichtigen wir die hierdurch entstandenen Fehler, dann kommen wir zu dem Ergebnis, daß die Karten der Antiliden in ihrer Genauigkeit sicher unseren heutigen Karten in nichts nachstanden.

Die verschollenen Urkarten

Es bleibt die Frage, wo die bislang unauffindbaren Urkarten hingeraten sind. Wir wissen es nicht. Wir können nur versuchen, den Weg, den sie nahmen, zu rekonstruieren. Die Karten gelangten vermutlich zunächst in die Hände der alten Ägypter und der Sumerer, möglicherweise auch der Phönizier, wanderten dann in die Bibliothek von Alexandria und andere Bibliotheken des Altertums wie die von Troja und Karthago und wurden dort studiert und kopiert. In der Bibliothek von Alexandria, die von Alexander dem Großen begründet worden war und 500 000 bis eine Million Bände enthielt, sah sie wahrscheinlich sowohl Eratosthenes im 3. Jahrhundert v. Chr. als auch Ptolemäus im 2. Jahrhundert n. Chr. Leider vernichtete während der Eroberung Alexandrias durch Julius Cäsar ein Brand nahezu ein Drittel der Bestände. Wieder ergänzt und stark vergrößert, wurde sie endgültig zerstört, als die Araber im 7. Jahrhundert Ägypten besetzten. Weitere unersetzliche Verluste an Büchern, vor allem an wissenschaftlichen Kenntnissen der Phönizier, brachte die Zerstörung Karthagos 146 v. Chr. durch die Römer, als mit der dortigen Bibliothek 500 000 Bände zerstört wurden. Man schätzt, daß insgesamt mehr als 90 Prozent der antiken Kenntnisse auf diesem Wege verlorengingen. Vor der endgültigen Vernichtung der alexandrinischen Bibliothek gelangten die Karten oder Kopien unter anderem nach Konstantinopel, das im Mittelalter eines der größten Wissenschaftszentren war. Dort fielen sie später in die Hände der Türken und kamen schließlich vielleicht auch in den Besitz der Venetianer. Auf jeden Fall tauchen sie im 14. Jahrhundert wieder auf, verborgen in alten Seekarten, deren sich die verschiedenen mittelalterlichen Kartographen dann bedienten.

Die Wiege des modernen Menschen

Wenn wir die kartographischen Leistungen der Antiliden betrachten, dann drängen sich uns gleich eine ganze Reihe von Fragen auf. Wo lebten sie? Wie entstand ihre Zivilisation? Gibt es noch weitere Belege für ihren hohen Wissensstand? Bevor wir uns jedoch diesen Fragen zuwenden, sollten wir einen Blick auf die Entwicklung des Menschen während der letzten 100 000 Jahre werfen. Vielleicht wird uns dann manches von den aufgezeigten Ergebnissen noch verständlicher. Seit mehr als 120 000 Jahren bevölkerte zunächst der nach seinem ersten Fundort benannte Neandertaler Europa und Teile Asiens. Entsprechende Menschenformen traten gleichzeitig als Rhodesia-Mensch in Afrika und als Solo-Mensch in Südasien auf. Der Neandertaler war von kräftiger, gedrungener Statur und mit einer durchschnittlichen Körpergröße von 155 bis 160 Zentimetern relativ kleinwüchsig. Er besaß vorspringende Gesichtszüge mit einer breiten Nase. Das Volumen seines Gehirns lag sogar etwas über dem des heutigen Menschen. Allerdings weiß man inzwischen, daß die Denkleistung des menschlichen Gehirns nicht von seinem Volumen bestimmt wird. Die Steinwerkzeuge des Neandertalers waren gegenüber denen seiner Vorgänger deutlich verbessert. Vor allem ein Kriterium wies ihn als einen Menschen hoher Sensibilität aus: Er bestattete seine Toten sorgfältig, sogar mit Grabbeigaben. In einem Fall ließen sich sogar Blumenbeigaben nachweisen.

Im Jahre 1868 fanden Arbeiter beim Straßenbau in einer Schlucht nahe des Dorfes Les Eyzies (Südfrankreich) Steingeräte und Skelettteile von drei Männern, einer jungen Frau und eines Kleinkindes in Verbindung mit zahlreichen Grabbeigaben. Die hier beigesetzten Menschen unterschieden sich völlig von dem Neandertaler; sie waren von großem, aufrechten Wuchs – die Männer maßen 172 Zentimeter – und wiesen eine längliche Kopfform mit hoher Stirn auf. Sie glichen ganz dem heutigen Menschen, dem Homo sapiens sapiens, nur daß sie viel älter waren. Altersbestimmungen ergaben den erstaunlichen Wert von 25 000 Jahren. Dieser neue Menschentyp, der offensichtlich den Neandertaler ablöste, erhielt seinen Namen nach dem Fundplatz, einem Felsüberhang, unter dem ein Einsiedler namens Magnon lebte. Als Cro-Magnon-Mensch wurde er zum Inbegriff der Frühform des modernen Jetztzeitmenschen. Zahlreiche weitere Skelettfunde wiesen ein Alter von bis zu 40 000 Jahren auf. Große Schwierigkeiten gab es zunächst bei der Suche nach der Abstammung des Cro-Magnon-Menschen. Als man 1941 in einer Höhle am Karmelberg in Israel Skelette fand, bei denen es sich um eine Mischform aus Neandertaler und Cro-Magnon-Mensch handelte, glaubte man zunächst, daß der Cro-Magnon-Mensch aus dem Neandertaler hervorgegangen sei. In den letzten Jahren fanden sich jedoch Skelette des Homo sapiens sapiens in Süd- und Ostafrika, die das erstaunliche Alter von mehr als 100 000 Jahren aufwiesen (ältester Fund 130 000 Jahre). Wir müssen daher annehmen, daß die Wiege des heutigen Menschen im südlichen Teil Afrikas stand. Während der Neandertaler vor 35 000 Jahren ausstarb, setzte für den Homo sapiens sapiens zu diesem Zeitpunkt eine Entwicklung ein, die viel stürmischer und schneller verlief, als bislang angenommen wurde.

Schon seit etwa 50 000 Jahren ließ dieser neuzeitliche Menschentyp ein außergewöhnlich dynamisches Potential erkennen und breitete sich innerhalb weniger Jahrtausende über die gesamte Erde aus. Vor ungefähr 50 000 Jahren finden wir ihn bereits in ganz Asien und auf dem Wege nach Australien, 15 000 Jahre später auch in Europa. 32 000 Jahre ergab die Datierung für den bislang ältesten Siedlungsplatz in Südamerika.

Eiszeitliche Seefahrer entdeckten die Neue Welt

Fast in jedem Werk, das sich mit der Vorgeschichte Amerikas befaßt, können wir lesen, daß die Besiedlung des gesamten Kontinents auf dem Landweg erfolgte. Doch dies ist eine Annahme, die sich bei näherem Hinsehen als sehr zweifelhaft erweist. Lediglich die Besiedlung Nordwestalaskas dürfte tatsächlich über die Beringstraße erfolgt sein. Heute trennt die Beringstraße die Kontinente Asien und Amerika voneinander. Während der Eiszeiten lag jedoch der Wasserspiegel der Ozeane um jeweils rund 100 Meter tiefer als gegenwärtig, da die entsprechenden Wassermassen in Form von mehreren Kilometer dicken Eispanzern auf weiten Erdgebieten gebunden waren (Abb. 12, s. nächste Seite). Dann aber lag die Beringstraße, die nur eine Wassertiefe von 45 Metern aufweist, trocken. Über diese Landverbindung, die jeweils für mehrere Jahrtausende bestand, konnten die eiszeitlichen Jäger und Sammler Nordamerika betreten. Zwischen 45 000 und 42 000 und nochmals zwischen 33 000 und 30 000 v. Chr. stand dieser Landweg offen. Tatsächlich fand man in Old Crow (Nordwestalaska) Lagerspuren von Eiszeitjägern, deren Alter mit annähernd 30 000 Jahren datiert wurde. An einem weiteren Vordringen in südlicher Richtung hinderte sie jedoch eine rund drei Kilometer hohe Eisbarriere, das Eisschild, das Nordamerika bis St. Louis bedeckte und ihnen den Weg versperrte. Es ist daher nicht verwunderlich, daß man südlich dieses gewaltigen Eisschildes nur Siedlungsplätze mit einem wesentlich geringeren Alter entdeckte. Funde aus La Jolla in Kalifornien weisen ein Alter von 21 500 Jahren auf.

Die meisten Vorgeschichtsforscher sehen jedoch als Höchstalter für die nordamerikanischen Siedlungsplätze 16 000 Jahre an. Geht man davon aus, daß auch Südamerika über die Beringstraße besiedelt wurde, dann müßten Eiszeitmenschen diese Landbrücke bereits vor etwa 45 000 Jahren überquert haben, um dann Pedro Furada in Brasilien gegen 32 000 v. Chr. zu erreichen. So alt ist nämlich dieser südamerikanische Siedlungsplatz, wie die Untersuchung von Holzkohleresten mit der Radiokarbonmethode

Abb. 12: Die eiszeitliche Besiedlung Amerikas
　　　° Fundplätze
　　　← Besiedlungswege
　===== Grenze des Eisschildes

ergab. Das Problem ist nur, daß man dann eigentlich unter den
zahlreichen Fundplätzen Nord- und Mittelamerikas zumindest

einzelne mit einem vergleichbar hohen Alter hätte finden müssen. Und genau das ist nicht der Fall. Einen Ausweg aus diesem Dilemma bietet die Annahme einer Besiedlung des südamerikanischen Kontinents auf dem Seeweg. Und warum sollte dieser vom Expansionsdrang erfüllte Cro-Magnon-Mensch, der bereits 20 000 Jahre früher Australien auf dem Wasserweg erreicht hatte, nicht auch erfolgreich per Floß oder einfachem Boot nach Südamerika gelangt sein? Gibt es doch heute noch Inseln im Atlantik, die ihm als Zwischenstation dienen konnten. Vor 35 000 Jahren kamen, wie wir in späteren Kapiteln sehen werden, vermutlich weitere Inseln im Bereich des Mittelatlantischen Rückens dazu.

Wie das Experiment Thor Heyerdahls mit seinem Balsaholzfloß Kon-Tiki im Jahre 1947 zeigte, lassen sich selbst mit einfachsten Wasserfahrzeugen (Abb. 13, s. Bildteil) Meeresstrecken von etwa 8000 Kilometern zurücklegen. Mit ähnlich einfachen Konstruktionen sind die *Lapita-Leute*, Vorfahren der Polynesier, bereits um 1500 v.Chr. 4000 Kilometer in den Pazifik vorgedrungen. Die Polynesier selbst haben vor einigen Jahrhunderten mit ihren heute noch gebräuchlichen Doppelbooten die Westküste Amerikas und die Antarktis erreicht.

Schließlich noch ein botanisches Argument: Der Flaschenkürbis, ursprünglich in Indien beheimatet, wurde vor 4500 Jahren im Norden Perus in Form von Gefäßen verwendet. Wie kam er dorthin, wenn nicht auf dem Seewege?

Außerdem sollten wir nicht vergessen, wie skeptisch man zunächst nautischen Leistungen gegenüberstand, die heute als gesichert gelten, seien es die Segelfahrten der Wikinger von Grönland aus nach Vinland in Nordamerika oder das Vordringen der Polynesier zu der Osterinsel.

Wir sollten uns daher der Idee einer Besiedelung Südamerikas auf dem Seeweg nicht verschließen. Im einzelnen könnte die Besiedelungsroute folgendermaßen ausgesehen haben: Zunächst führten die Fahrten von Nordwestafrika zu den Kanarischen Inseln, nach Madeira und zu den Azoren. Der nächste Schritt brachte die Cro-Magnon-Menschen zu den Kapverdischen Inseln, der übernächste zu den Inseln St. Peter und St. Paul, damals möglicherweise noch eine Großinsel. Von dort aus waren es nur noch rund 1400 Kilometer bis zur südamerikanischen Küste. Der Flußlauf des Gurguéia schließlich weist den direkten Weg nach Pedro Furada, dem ältesten Siedlungsplatz Amerikas. Muß noch betont werden, daß von den auf dem Äquator gelegenen Inseln St. Peter und St. Paul der Süd-Äquatorialstrom, eine der stärksten Meeresströmungen, in westlicher Richtung zur brasilianischen Küste führt? Eine zweite Möglichkeit der Atlantiküberquerung sollten wir nicht vergessen, auf die schon 1934 A. W. Brogger auf dem Archäologenkongreß in Oslo aufmerksam machte. Er erklärte nämlich, daß die vorherrschenden Winde und Meeresströmungen zwangsläufig zu einer Entdeckung Mittelamerikas führen mußten, falls frühzeitliche Wasserfahrzeuge sich von Südeuropa aus auf den offenen Atlantik begeben hatten. Den Beweis für die Richtigkeit dieser Annahme erbrachte im Oktober 1952 der französische Arzt Dr. Alain Bombard. Mit einem knapp fünf mal zwei Meter messenden Floß, das nur ein kleines Segel besaß, startete er auf den Kanarischen Inseln und ließ sich von dem Kanarenstrom und den herrschenden Winden westwärts treiben. Nach 65 Tagen abenteuerlicher Fahrt, während der er nur Meerwasser und die Körperflüssigkeit von Fischen trank und in der Sonne getrockneten Fisch neben Plankton aß, erreichte er wohlbehalten die Antilleninsel Barbados. Warum soll vor 35 000 Jahren eigentlich nicht auch Cro-Magnon-Menschen gelungen sein, was Bombards Forscherdrang in unseren Tagen gezielt vollbrachte?

Die ersten Naturwissenschaftler, Künstler und Mediziner

Diese Cro-Magnon-Menschen hatten Jahrtausende Zeit, um sich zu einer Hochzivilisation zu entwickeln, die in der Lage war, die Weltmeere und Kontinente genau zu erforschen und zu kartographieren. Der Eiszeitmensch durchlief eine erstaunliche Weiterentwicklung. Vergleichen wir beispielsweise die rund 30 000 Jahre alte Felsmalerei von Pedro Furada mit dem zierlichen Frauenkopf aus Brassempouy (Abb. 14 und 15, s. Bildteil) in Frankreich, dessen Alter etwa 22 000 Jahre beträgt, so können wir über die Zunahme der künstlerischen Ausdrucksmittel nur staunen. Ein weiteres Beispiel für den Leistungsfortschritt gibt eine in der Höhle von Isturiz gefundene Flöte. Sie besteht aus dem Ellbogenröhrenknochen eines sehr großen Vogels und besitzt drei Grifflöcher, so daß verschiedene Tonfolgen möglich waren. Wir dürfen daher annehmen, daß auf diesem Instrument Melodien erklangen, wahrscheinlich zur Begleitung von rituellen Handlungen. Schließlich sei an das medizinische Können des Cro-Magnon-Menschen erinnert. So erstaunlich es klingen mag, er beherrschte bereits perfekt die sogenannte Schädeltrepanation. Zahlreiche Skelettfunde bezeugen, daß mit scharfen Steinmessern, die beispielsweise aus Obsidian gefertigt waren, das Schädeldach lebender Menschen geöffnet wurde. Der verheilte beziehungsweise nachgewachsene Knochenrand an der meist kreisrunden Schädelöffnung ist der Beweis für das nahezu regelmäßige Gelingen des operativen Eingriffs.

Derartige Leistungen lassen uns ahnen, wie sich im Laufe von Jahrtausenden die ersten Seefahrer zu den Antiliden weiterentwickelten, das heißt zu einer Hochzivilisation, die auf dem Gebiet der Nautik, der Kartographie, der Mathematik, der Kunst, der Medizin und der Astronomie für die später folgenden Hochkulturen wie der Ägypter und Sumerer richtungsweisend werden sollte.

Kritische Leser werden spätestens jetzt nach greifbaren Beweisen fragen. Gibt es eigentlich außer Jahrtausende alten Kristallinsen, die man in Ninive, Ecuador und Lybien fand, andere Gegenstände, die von der Entwicklungshöhe jener frühen Kultur zeugen?

Im Archiv des Ägyptischen Museums in Kairo liegt ein derartiges Objekt, das als Kopie in jedem archäologischen Museum an exponierter Stelle zu besichtigen sein sollte. Vielleicht ist gerade der Umstand, daß dieser Gegenstand in der zugehörigen Kultur wie ein Fremdkörper wirkt, die Ursache für sein Schattendasein in den 57 Jahren, die seit seiner Entdeckung vergangen sind. Das nächste Kapitel will versuchen, etwas Licht in das Dunkel zu bringen, das dieses mysteriöse Objekt umgibt.

III

Die Eroberer des Luftraums

Ein ägyptisches Grab gibt sein Geheimnis preis

Seit Wochen schon war Walter B. Emery mit Grabungsarbeiten in Sakkara beschäftigt. Das Öffnen und Freilegen von Gräbern der ersten und zweiten ägyptischen Dynastie war für ihn und seinen Grabungstrupp zur Routine geworden. Nichts deutete am Morgen des 19. Januar 1936 darauf hin, daß eine Entdeckung ungewöhnlicher Art auf sie wartete. Nachdem die Arbeiten am Grab 3036 beendet waren, legten sie die Westseite einer *Mastaba* frei. Das Innere dieses Grabes, das die Nummer 3111 erhielt, umfaßte sieben Räume. Sechs davon enthielten Vorratsgefäße aus Keramik und Stein sowie Reste von Rinderknochen, das heißt, man hatte sich bei der Bestattung offensichtlich bemüht, den Verstorbenen reichlich mit Vorräten für das jenseitige Leben zu versehen. In der eigentlichen Grabkammer fand Emery neben einem menschlichen Skelett weitere Vorratsgefäße und Rinderknochen (Abb. 16, s. nächste Seite). Der Schmuck des Bestatteten war, wie so oft, von Grabräubern entwendet worden. Der vom Rumpf abgetrennte Kopf und der rechte Arm bezeugten das brutale Vorgehen der Plünderer. Außerdem bestätigten zahlreiche zerbrochene Behältnisse jene frühe Grabschändung.

Als sich Emerys Mitarbeiter dem Zentrum der Grabkammer zuwandten, nahmen einige eigenartige Steinbruchstücke ihre ganze Aufmerksamkeit gefangen. Sorgfältig aus Schiefer gefertigt und poliert, extrem dünnwandig gearbeitet und mit einer zentralen Bohrung versehen, verrieten die Fragmente einen kompliziert geformten, bis dahin unbekannten Gegenstand. Der Umstand, daß er und nicht der Verstorbene im Zentrum der Grabkammer plaziert worden war, ließ auf eine besondere Bedeutung schlie-

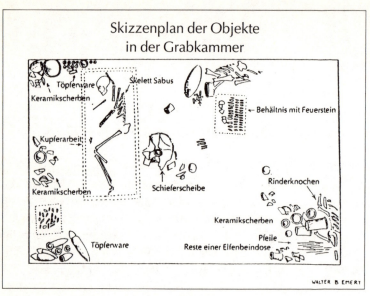

Abb. 16: Die Grabkammer des Prinzen Sabu
Neben dem Skelett und zahlreichen Grabbeigaben enthielt diese fast 5000
Jahre alte Grabkammer in ihrem Zentrum die Bruchstücke eines eigenartigen
scheibenförmigen Objekts (Emery, W.: Great Tombs of the First Dynasty)

ßen. Gespannt wartete Emery auf das Ergebnis der Restaurierungs-
arbeiten. Da sämtliche Bruchteile vorhanden waren, gelang es den
Archäologen relativ rasch, den Gegenstand wieder kunstvoll
zusammenzusetzen. Das Bild, das sich ihnen danach bot, war von
ungewöhnlicher Art (Abb. 17, s. a. Abb. 18 im Bildteil). Die
zentrale Bohrung weist ihn sofort als einen Rotationskörper aus,
der eine Achse aufnehmen konnte. Seine Dünnwandigkeit zeigt,
daß bei seiner Herstellung größter Wert auf ein geringes Gewicht
gelegt wurde. Der beachtliche Durchmesser von 61 Zentimetern
bei einer maximalen Dicke von zehn Zentimetern läßt vermuten,
daß es sich um einen Gebrauchsgegenstand und nicht um ein
Kultgerät handelt. Die *radialsymmetrisch* angeordneten flügelarti-
gen Einbuchtungen erinnern im ersten Augenblick an eine Schiffs-

62

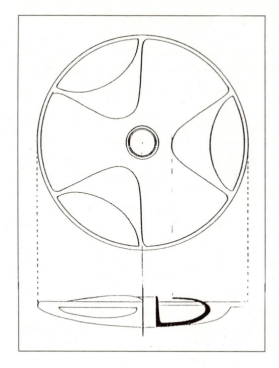

Abb. 17: Hochtech-
nologie in einem alt-
ägyptischen Grab?
(Emery, W.: a.a.O.)

oder Luftschraube und lenken die Gedanken auf ein unbekanntes Antriebsaggregat. Vielleicht ist es in diesem Zusammenhang nicht unwesentlich, daß wir uns die Lage dieses Gegenstandes im Zentrum der Grabstätte ins Gedächtnis zurückrufen. Vor allem müssen wir uns fragen: Wer war der Verstorbene, der diese seltsame Grabbeigabe für seine Reise ins Jenseits erhielt? Sollte sie ihm womöglich die Reise erleichtern? Auf die erste Frage geben uns Inschriften in Keramikgefäßen, die ebenfalls dem Grab beilagen, eine Antwort. Danach handelt es sich bei dem Toten um Sabu, den Administrator einer Provinzstadt, genannt »Stern aus der Familie des Horus«. Er lebte während der Herrschaft des Udimu in der ersten Dynastie, das heißt um 2900 v. Chr. Mit dieser kurzen Auskunft erschöpft sich aber bereits unser Wissen.

Eine 5000 Jahre alte Schiffsschraube?

Untersuchungen kurz nach der Entdeckung des Gegenstandes erbrachten keinen Hinweis auf den Verwendungszweck. Möglicherweise ist er die steinerne Kopie eines Objektes, das im Original aus Metall gefertigt war. Doch zu welchem Zweck? Als Teil eines Schiffsantriebes? Was die Antwort besonders erschwert, ist die Einmaligkeit des Fundes. In keiner ägyptischen Epoche ist ein vergleichbarer Gegenstand anzutreffen. Nicht einmal in Bildern oder Texten finden wir einen Hinweis. Seine Herkunft wirkt daher äußerst rätselhaft.

Eine Auskunft über seine Funktionsweise konnten daher nur Experimente mit Modellen ergeben. Zu diesem Zweck fertigte der Autor zunächst ein Holzmodell der Scheibe im Maßstab 1:10 an. Zwecks höherer Stabilität erhielt es als Überzug eine Schicht aus Epoxidharz. In ein kurzes Rohr eingebaut und von einem Niedervolt-Elektromotor angetrieben, erzeugte es im Wasser einen begrenzten Schub.

Sollte es sich also tatsächlich um den zentralen Teil eines Schiffsantriebes handeln? War das Objekt deshalb ins Zentrum der Grabkammer gelegt worden, damit die Reise von Prinz Sabu auf der Totenbarke ins Jenseits einen günstigeren oder rascheren Verlauf nehmen konnte?

Gegen diese Vermutung spricht zunächst die extreme Dünnwandigkeit der Scheibe. Sie wäre bei einer Verwendung im Wasser sicher von Nachteil gewesen. Denn bei längerer Beanspruchung hätte das Material kaum der starken Belastung standgehalten.

Kannte Prinz Sabu den Antrieb von Flugmaschinen?

Eine Diskussion mit zwei Ägyptologen wies in eine andere Richtung. Die beiden Wissenschaftler vertraten die Ansicht, daß es sich bei dem Objekt um keine wesentliche technische Errungenschaft der Ägypter handeln könne. Andernfalls wäre sie nicht ein Einzelfall, das heißt Sabu vorbehalten geblieben, sondern entsprechend der damaligen sozialen Strukturen zur allgemeinen Verwendung gelangt. Gerade diese Feststellung aber deutet auf die Problematik des Gegenstandes hin, die vermutlich darin bestand, daß sein Verwendungszweck zwar bekannt, aber technisch nicht realisierbar war. Ein leistungsfähiger Schiffsantrieb hätte sich wahrscheinlich konstruieren und erfolgreich in die Praxis umsetzen lassen. Die Entwicklung eines funktionsfähigen Luftantriebs dagegen stieß auf unüberwindbare Schwierigkeiten. Er überforderte zweifellos die technischen Möglichkeiten der ersten Dynastie. Prinz Sabu besaß, so dürfen wir vermuten, Kenntnis von Flugapparaten einer fremden Zivilisation. Er hatte anscheinend sogar Einblick in die Funktionsweise des Antriebsaggregates erhalten. Zumindest besaß er die Kopie eines wichtigen Bauteils. Wie er in deren Besitz gelangte, läßt sich gegenwärtig nicht rekonstruieren. Wir wissen lediglich, daß sie ihm als zentrale Grabbeigabe mitgegeben wurde in der Hoffnung, daß sie ihm das jenseitige Leben im Bereich der Götter erleichtern möge. Denn die Benutzer jener Luftfahrzeuge, die die Fähigkeit zum Fliegen besaßen, dürften von den Ägyptern als göttliche Wesen betrachtet worden sein.

Angesichts derartiger Überlegungen stellt sich natürlich die Frage, ob es überhaupt irgendeinen Hinweis darauf gibt, daß bereits im Altertum Flugversuche unternommen wurden. Gehen wir dieser Frage nach, so müssen wir feststellen, daß Überlieferungen von menschlichen Flugunternehmungen gar nicht so selten sind, wie man zunächst annehmen möchte.

Nach einer irischen Legende konnten die Menschen »in alten Zeiten fliegen, wenn sie einen bestimmten Kehrreim sangen und ihre Zimbeln gegeneinander schlugen«. Marcel F. Homet fand den gleichen Text in dem Dzyan, einem epischen Werk, das aus dem alten China und ursprünglich »aus einer uralten Sprache stammt, die in jener weit zurückliegenden Zeit bereits ausgestorben war«. Lassen sich Erzählungen dieser Art vielleicht noch als Mythen einstufen, die Ausdruck menschlicher Wunschvorstellungen sind, so fällt eine derartige Wertung bei anderen Berichten schon schwerer.

Die Vimanas des alten Indien

In den altindischen Veden, den ältesten heiligen Schriften der Inder, finden wir zahlreiche Informationen über Flüge mit den sogenannten Vimanas. Diese Flugmaschinen unterschiedlicher Konstruktion waren in den Erzählungen mitunter sehr phantasievoll ausgestattet. So seien für die Inneneinrichtungen Gold und Silber verwendet, die Sitze der fliegenden Götter oder Herrscher mit Edelsteinen geschmückt worden. Manche Vimanas seien schneller als ein Gedanke zu fernen Himmelsräumen geflogen. Es ist daher nicht verwunderlich, wenn derartige Berichte von nüchternen Naturwissenschaftlern unseres Jahrhunderts als nicht ernst zu nehmende Produkte einer altindischen Phantasiewelt eingestuft werden. Doch sind solche Pauschalurteile wirklich berechtigt? Professor Dileep K. Kanjilal aus Kalkutta, ein profunder Kenner der Sanskritliteratur, analysierte in mühevoller Kleinarbeit die Flugunternehmungen in den vedischen Texten. Seine Ergebnisse zwingen uns, die Flugberichte in einem neuen Licht zu sehen. Einige der geschilderten Einzelheiten konnten die Erzähler nur beschreiben, wenn sie entsprechende wissenschaftliche und technologische Kenntnisse besaßen. Befreit man die Berichte von den Ausschmückungen, so bleibt ein eindrucksvoller sachlicher Kern bestehen. Einige besonders markante Details wollen wir uns im Folgenden ansehen:

1. Flugstrecken und Flugzeiten wurden genau angegeben. So wird im »Raghuvamsa« ein Flug von Sri Lanka nach Ayodhya geschildert. Die Flugstrecke von 2900 Kilometern wird von zwölf Personen in einem konisch geformten Flugapparat mit kleinen Fenstern innerhalb von neun Stunden zurückgelegt. Die Reisegeschwindigkeit lag demnach bei etwas mehr als 300 Kilometern pro Stunde. Hören wir dann noch von zwei Zwischenlandungen während des Fluges, dann läßt uns das Ganze an Fernflüge in der Mitte dieses Jahrhunderts denken.

2. Wiederholt werden einziehbare Landebeine oder Räder beschrieben, wie man sie bei modernen Flugzeugen antrifft. In den Anfängen neuzeitlicher Luftfahrt gab es nur starre Landeeinrich-

tungen. Erst im Laufe der Zeit wurden sie von den Konstrukteuren versenkbar gestaltet, um den Luftwiderstand während des Fluges zu verringern.

3. Der Antrieb der Vimanas erfolgte auf unterschiedliche Weise. Besonders interessant ist die Beschreibung eines Quecksilberantriebs, die im »Samaramaganasutradhar« enthalten ist. Dieses Antriebsaggregat bestand aus vier mit Quecksilber gefüllten Behältern und einem Eisengefäß. Das in dem Eisenbehälter brennende Feuer erhitzte die Quecksilbertanks. Das erhitzte Quecksilber wiederum erzeugte einen Luftstrom, der mit donnerndem Getöse den Flugapparat antrieb. Dr. S. C. Sens hat versucht, einen solchen Quecksilbermotor zu rekonstruieren. Seiner Meinung nach wurde der erhitzte Quecksilberdampf durch ein Röhrensystem geleitet. Dabei gab er die Wärme an die vorbeiströmende Luft ab und kondensierte anschließend zu flüssigem Quecksilber. Dieses wurde dann in die vier Quecksilberbehälter zurückgeführt.

4. Im »Mahabharata«, dem indischen Nationalepos, befindet sich eine Schilderung, die an einen modernen Flughafen erinnert. Heißt es doch: »Einige dieser Maschinen befanden sich gerade im Flug, einige waren gelandet und andere gerade dabei, vom Boden abzuheben.«

5. Weniger friedlich geht es im »Bhagavatapurana« zu. Hier ist von einem regelrechten Luftkampf zwischen zwei Flugmaschinen die Rede, in dessen Verlauf es dem einen Piloten schließlich gelingt, mit einer Rakete den gegnerischen Flugapparat abzuschießen.

6. Während es sich bei den bislang erwähnten Beispielen um flugzeugartige Maschinen gehandelt haben dürfte, werden wir im »Mahabharata« auch mit Phänomenen konfrontiert, die uns erst seit wenigen Jahren, seit Beginn der Weltraumflüge, vertraut sind. In diesem altindischen Epos wird von sogenannten Sabhas berichtet. Diese fliegenden Städte kreisen wie riesige Erdsatelliten um die Erde. Über sie erfahren wir: »Die Stadt war leuchtend und schön anzusehen, voller Häuser, Bäume und Wasserfälle.« Wem fallen bei einer derartigen Beschreibung nicht die großen Weltraumkolonien ein, die von dem amerikanischen Physiker Gerald O'Neill und später 1975 auf einer Konferenz in Princeton entworfen

wurden. Die zylinder- oder ringförmigen Weltraumstationen sollen im nächsten Jahrtausend in einer Umlaufbahn zwischen Erde und Mond errichtet werden und einen Durchmesser von mehreren Kilometern besitzen. Ihr Innenraum soll über eine Million Menschen beherbergen können und nach Vorstellung ihrer Planer neben Häusern auch Tiere, Bäume und kleine Flüsse enthalten.

Besonders bemerkenswert ist, daß sich einige der beschriebenen künstlichen Raumstationen in einer *geostationären Umlaufbahn* befanden. Heutige Fernseh- und Wettersatelliten werden in solche Bahnen gebracht. Sie verändern für einen Beobachter auf der Erdoberfläche ihre Himmelsposition nicht, scheinen für immer an derselben Himmelsstelle zu stehen.

Details wie die eben geschilderten konnten die Verfasser der altindischen Texte nicht einfach erfinden. Um solche Ideen entwickeln zu können, mußten damals bereits wichtige Grundprinzipien der Luft- und Raumfahrttechnik bekannt gewesen sein. Die Häufigkeit, mit der die Vimanas in der Sanskritliteratur Erwähnung finden, allein im Mahabharata über 40mal, spricht dafür, daß diese Kenntnisse auch in die Praxis umgesetzt wurden. Warum man dann keine Relikte von Fluggeräten gefunden hat? Weil Indien 2000 Jahre lang immer wieder von fremden Eroberern heimgesucht wurde, so daß wertvolles Material, das uns vielleicht hätte näheren Aufschluß geben können, zerstört wurde. Wir stehen somit vor dem gleichen Problem, dem wir schon im vorigen Kapitel begegnet sind.

Die fliegenden Wagen der Tschi-Kung

1910 berichtete der englische Sinologe Herbert A. Giles von alten chinesischen Überlieferungen, nach denen vor mehr als 3700 Jahren – zu Zeiten des Kaisers Tang – das Volk der Tschi-Kung mit einem fliegenden Wagen China besuchte (Abb. 19). Das im 3. Jahrhundert n. Chr. verfaßte Werk »Po-wü-tschi« bestätigt ebenso wie einige mittelalterliche Texte die Legende, die Hans Breuer in seinem Buch »Kolumbus war Chinese« wiedergibt: »Die Chi-

Abb. 19: Ein fliegender Wagen der Tschi-Kung (chinesischer Holzschnitt)

Kung sind ein kunstreiches Volk. Sie kennen viele Dinge, die anderen Völkern verborgen bleiben. Auf großen Wagen reisen sie

mit Windeseile durch die Lüfte. Als der Kaiser Tang die Welt
regierte, trug ein westlicher Wind die fliegenden Wagen bis nach
Yüchow (heute Honan), wo sie landeten. Tang ließ die Wagen
auseinandernehmen und verbergen. Zu leicht glaubte das Volk an
übernatürliche Dinge, der Kaiser aber wollte seine Untertanen
nicht in Unruhe versetzen. Die Besucher blieben hier zehn Jahre,
dann bauten sie ihre Wagen wieder zusammen, luden die Ehren-
geschenke des Kaisers ein und flogen auf einem starken östlichen
Wind davon. Sie erreichten wohlbehalten das Land der Chi-kung,
40 000 Li jenseits des Jadetores. Mehr ist über sie nicht bekannt.«
Zunächst wäre es naheliegend, die Zahlenangabe dieser Legende
als bloßen Ausdruck einer ungewöhnlich großen Entfernung zu
werten. Doch warum sollten wir den Überlieferungen des alten
China ein geringeres Maß an Zuverlässigkeit zubilligen als beispielsweise denen der Griechen. Heinrich Schliemann gelang, da
er im Gegensatz zu seinen Zeitgenossen den Angaben Homers
vertraute, die Entdeckung Trojas. Gehen wir deshalb bei der
altchinesischen Erzählung in entsprechender Weise vor. Das Längenmaß Li wird im allgemeinen mit 644 Metern gleichgesetzt,
gelegentlich aber auch mit 414 Metern. Glücklicherweise haben
wir mit der Großen Mauer einen exakten Anhaltspunkt. Der
chinesische Name dieses imposanten Bauwerks lautet »Mauer
von 10 000 Li«. Da die Mauer 2450 Kilometer mißt, muß in
früheren Zeiten 1 Li 245 Meter gewesen sein. Die errechneten
9800 Kilometer sind allerdings nur als ungefährer Richtwert zu
betrachten.
Immerhin bedeutet es, daß wir die Heimat der Tschi-Kung in
westlicher Richtung von Yüchow, der heutigen Provinz Honan, in
einer Entfernung von etwa 10 000 Kilometern zu suchen haben.
Honans schon früh besiedelte Ebene liegt annähernd auf dem 35.
Breitengrad. In 8500 Kilometer Entfernung befindet sich nahezu in
der gleichen geographischen Breite die Insel Kreta. Vor 3700
Jahren stand auf dieser Insel die minoische Kultur in ihrer höchsten
Blüte. Sollte sich hinter dieser Hochkultur das geheimnisvolle
Volk der Tschi-Kung verbergen?

Wo lebte das Volk der Einarmigen?

Einen weiteren Hinweis auf die Heimat der Tschi-Kung kann uns das altchinesische Werk »Shan hai king« (Buch der Gebirge und Meere) geben, worin der Stamm der Tschi-Kung als ein Volk der Einarmigen geschildert wird. Eine derartige Beschreibung läßt zunächst an mythische Fabelwesen denken. Doch eigenartigerweise treffen wir an einer anderen Stelle der Erde ebenfalls auf diesen Stamm der Einarmigen. In der Sagenwelt der Dolomiten gibt es eine Legende von dem Königreich der Fànes, das einst hoch in den Gebirgsregionen lag. Als dessen König bei einem Krieg mit Nachbarstämmen in Bedrängnis geriet, kamen ihm seine Verbündeten, die Einarmigen, die fliegen konnten, aus der Luft zu Hilfe.

1953 fand man auf der Fànes-Alpe in einer Höhe von 2600 Metern eine Wallanlage, die vermutlich in der Spätbronzezeit errichtet wurde. Damit erhält die Fànes-Sage einen geschichtlichen Kern. Doch dies ist noch nicht alles. In dem Alpental von Valcamonica, 150 Kilometer südwestlich der Fànes-Alpe, hatte man vor 60 Jahren vorgeschichtliche Felszeichnungen entdeckt. Inzwischen wurden dort über 300 000 dieser Ritzzeichnungen registriert. Sie erlauben einen ausgezeichneten Einblick in das Leben der Ureinwohner, auch in ihre kriegerischen Auseinandersetzungen. Und was für uns so interessant ist, einige dieser Kriegsdarstellungen zeigen einarmige Krieger (Abb. 20, s. Bildteil)! Was die Fähigkeit des Fliegens anbelangt, so wissen wir heute, daß es zahlreiche Sagen in den verschiedensten Teilen des Alpenraumes gibt, die von einem vorzeitlichen fliegenden Volksstamm berichten. Aber kehren wir nochmals zu der Fànes-Legende zurück. Sie berichtet uns auch, woher die Einarmigen kamen. Ihre Heimat befand sich auf einer im Südwesten gelegenen Insel! Ist es nicht seltsam, daß Überlieferungen aus zwei so weit auseinanderliegenden Erdregionen bezüglich der Herkunft des fliegenden Volkes zu ähnlichen Ergebnissen führen?

Welche Mittelmeerinsel war nun die Heimat der Tschi-Kung? Sardinien, Korsika und die Balearen liegen im Südwesten des Fànes-Reiches. Sämtliche Inseln sind reich an prähistorischen

Zeugnissen. Rund 3500 Jahre sind die riesengestaltigen *Menhire* auf Korsika und die mächtigen Nuraghentürme auf Sardinien alt (Abb. 21, s. Bildteil). Die tempelförmigen Navetas auf der Insel Menorca entstanden schon vor annähernd 4000 Jahren (Abb. 22, s. Bildteil). Die Entfernung dieser Inseln entspricht noch besser als Kreta den Angaben der altchinesischen Überlieferung. Sollten dies bloß Zufälle sein, die aus sagenhaften Mythen resultieren?

Das 1341 erschienene Buch »Ku-yü-t'u« weiß jedenfalls auch zu berichten: Während der Regierungszeit des Kaisers Tscheng (um 1100 v. Chr.) brachten Gesandte aus dem Reich der Einarmigen dem chinesischen Herrscher Geschenke. Sie kamen mit einem vom Winde getriebenen Wagen aus Federn.

Ein Flugzeugkonstrukteur im alten Ägypten

Sollte die Kunde von derartigen Flugunternehmungen auch nach Ägypten gelangt sein? Zwischen 300 und 250 v. Chr. fertigte jedenfalls der Ägypter Pa-Di-Jmen mehrere eigenartige vogelähnliche Holzmodelle. Als Professor Khalil Messiha in Kairo einen dieser Holzvögel einer näheren Untersuchung unterzog, stellte er zu seiner Überraschung fest, daß es sich um ein funktionsgerechtes Modell eines Flugzeuges handelte. Pa-Di-Jmen hatte offensichtlich Konstruktionsprinzipien verwirklicht, die im heutigen Flugzeugbau zur Anwendung gelangen (Abb. 23). Das aus Holz des Maulbeerfeigenbaumes angefertigte Flugmodell hat eine Flügelspannweite von 18 Zentimetern. Die Flügel mit V-förmigen Vorderkanten besitzen die aerodynamische Form moderner Tragflächen. Der senkrecht stehende Schwanz des Flugzeugmodells entspricht dem Seitenruder des Leitwerks neuzeitlicher Flugzeuge. Was hat den ägyptischen Konstrukteur vor 2300 Jahren zur Entwicklung derartiger Holzmodelle veranlaßt? Sehen wir uns nach möglichen Hinweisen um, so stoßen wir auf großformatige Fels- und Scharrbilder, von Tieren und menschlichen Riesengestalten, die nur von der Luft aus zu erkennen sind.

Abb. 23: Das Flugmodell des Ägypters Pa-Di-Jmen

Rätselhafte Riesenbilder in der ganzen Welt

Eine der größten Tierdarstellungen ist das weiße Pferd von Uffington (Abb. 24, s. Bildteil) in England mit einer Länge von 112 Metern. Nahe der kleinen Stadt Swindon zwischen London und Bristol finden wir dieses frühgeschichtliche Kunstwerk. Es wurde während der Jüngeren Eisenzeit, das heißt vor schätzungsweise 2300 Jahren, geschaffen. Angehörige der *Latène-Kultur* kratzten die Grasnarbe und das Verwitterungsmaterial weg, so daß der darunterliegende weiße Kreidefels zum Vorschein kam. Ähnliche Dimensionen weist der Riese von Cerne Abbas auf (Abb. 25, s. Bildteil). Diese Felsbilder sind vom Boden aus nur schlecht, aus der Luft dagegen ausgezeichnet zu erkennen.

Ab etwa 300 v. Chr. sind bei Nazca in Peru riesige Scharrbilder entstanden. Auf einer Hochfläche zwischen den Anden und der

Pazifikküste grub eine uns unbekannte Kultur viele Kilometer lange, bis zu 30 Zentimeter tiefe Furchen in den Boden. Dabei wurde das dunkle, oxydierte Oberflächenmaterial entfernt, und der hellere Untergrund wurde sichtbar. Für einen Betrachter, der auf der Ebene steht, fallen diese Rillen und flachen Gräben kaum auf. Vom Flugzeug aus aber erkennt man ein Netz von parallel verlaufenden und sich kreuzenden Linien. Zwischen ihnen werden Tierdarstellungen von beachtlichen Ausmaßen sichtbar (Abb. 26, s. Bildteil). Wie Untersuchungen ergaben, dienten die Linien vermutlich astronomischen Zwecken. Sie waren wohl so etwas wie eine riesige Kalenderanlage. Einige dieser schnurgerade verlaufenden Gebilde ließen sich nämlich als Ortungslinien für die Sonnen- und Mondbewegung identifizieren. Derartige Ortungslinien sind, wie uns das Kapitel »Die Nachfolger« noch zeigen wird, auch in der Megalithkultur sehr verbreitet. Sie markieren beispielsweise den Zeitpunkt der Sommersonnenwende oder Auf- und Untergangsorte des Mondes. Zu welchem Zweck aber wurden die großen Tierbilder angefertigt, die nur für einen fliegenden Betrachter erkennbar sind? Waren es fliegende »Götter«, für die man vor mehr als 2000 Jahren die Bilder in den Erdboden zeichnete? Und wer waren die vermeintlichen Götter? Mit welchen Hilfsmitteln konnten sie sich in die Luft erheben? Eine ganze Reihe von Fragen, die noch auf eine Antwort warten.

Begeben wir uns auf den nordamerikanischen Kontinent, dann finden wir im Ohio-Tal ganz ungewöhnliche Erdanlagen, die etwa zur gleichen Zeit angelegt wurden. Um 300 v. Chr. ergriff die sogenannte Hopewell-Kultur von weiten Gebieten in Ohio und Illinois Besitz. Diese Hopewell-Menschen bauten Grabanlagen, die »Mounds«, mit zunehmend größeren Abmessungen. Waren es anfangs einfache Erdhügel, so erhielten die Gräber später immer häufiger die Form großdimensionaler Tiergestalten. Ein Schlangenhügel beispielsweise ist rund 400 Meter lang und nur vom Flugzeug aus als solcher zu erkennen (Abb. 27, s. Bildteil). Über diese Bilderhügel der Hopewell-Kultur schreibt Ferdinand Anton: »Die überdimensionalen, mit Erde gezeichneten Visionen konnte keiner der Lebenden sehen. Fast unbegreiflich, wie ihre Schöpfer die geistige Konzeption mit einer solchen Ausgewogenheit der Form auf eine so große Fläche übertragen konnten, die für sie niemals überschaubar war und für uns erst mit Hilfe der Technik sichtbar wurde.«

Für sich allein betrachtet wäre das Phänomen der großen Mounds tatsächlich für uns schwer verständlich. Doch zur gleichen Zeit entstanden, wie wir soeben sahen, auch in Europa und Südamerika monumentale bildliche Darstellungen. Wurden diese weltweit verbreiteten Riesenbilder nur für imaginäre Götter oder Geister geschaffen? Zu einer Zeit, in der in Ägypten Pa-Di-Jmen hölzerne Flugmodelle baute und zu der die Parther in Kleinasien bereits elektrische Batterien verwendeten (siehe folgendes Kapitel)? Ist es wirklich so schwer, sich von der liebgewonnenen Vorstellung zu trennen, daß alle großen technischen Erfindungen erst in der Neuzeit gelangen? Wenn Teleskope und elektrische Elemente Jahrtausende früher, als bislang angenommen, konstruiert wurden, warum soll es dann nicht auch zu einem ähnlich frühen Zeitpunkt möglich gewesen sein, mit Heißluftballons oder anderen Flugapparaten zu fliegen?

Bemerkenswert ist, daß die präzisesten Beschreibungen der altindischen Vimanas in der Regierungszeit Akosas (256 bis 237 v. Chr.) erschienen. Die Flugmaschinen wurden sogar in einem Edikt dieses Herrschers erwähnt. Sollte dies nicht als Beweis für ihre Realität zu werten sein?

Flogen die Antiliden vor Jahrtausenden nach China?

Etwa zur gleichen Zeit, als die Fels- und Scharrbilder entstanden und Akosa herrschte, wurden zahlreiche Ringwälle in Schottland durch extreme Hitzeeinwirkungen zerstört (siehe Kapitel »Im Zeitalter der Meßtechnik«). Wer diese Zerstörungen ausführte und welcher Technologie sich die unbekannten Aggressoren dabei bedienten, entzieht sich bis heute unserer Kenntnis. Möglicherweise waren es die gleichen »Götter«, die allerorts die Menschen durch ihre Fähigkeit des Fliegens stark beeindruckten. Es war ein

Volk, das in technologischer Hinsicht das Erbe der Antiliden angetreten hatte. Vielleicht waren es direkte Nachfahren der rätselhaften Tschi-Kung, die bereits eineinhalb Jahrtausende vorher nach China geflogen waren.

Seit Anfang der 60er Jahre wissen wir, daß offensichtlich schon lange vor der Zeit der Tschi-Kung erfolgreiche Flugunternehmungen durchgeführt worden waren. 1961 war Professor Chi Pen-lao aus Peking mit zwei Assistenten auf der Insel Jotuo im Dongting-See, um die Ruinen von drei Rundpyramiden eingehend zu studieren. Diese Pyramidenreste waren 1959 nach einem Seebeben zum Vorschein gekommen. Obwohl die Pyramiden eingestürzt waren, ließen sich ihre ungewöhnlichen Ausmaße noch rekonstruieren. Sie mußten einstmals eine Höhe von annähernd 300 Metern besessen haben und nach Meinung der drei Wissenschaftler vor etwa 45 000 Jahren erbaut worden sein. Bei ihrer weiteren Suche entdeckten die Forscher verschüttete Gänge in den Pyramidenruinen. Beim Freilegen der röhrenartigen Gänge fielen ihnen die erstaunlich glatten Wände auf, die mit äußerst sorgfältig eingravierten Felszeichnungen versehen waren. Eindeutig waren hier Jagdszenen dargestellt. Ganz überraschend aber war, daß die Jäger von flügellosen runden Flugmaschinen aus mit ihren Waffen auf flüchtende Rentiere zielten. Die Ritzzeichnungen waren so präzise und fein, daß sogar die Kleidung dieser im Fluge jagenden Menschen erkennbar war. Welche alte Zivilisation hatte in den Felsabbildungen ihr fliegerisches Können verewigt?

In diesem Zusammenhang gewinnt eine Beobachtung Alexander Braghines an Bedeutung. Dieser begeisterte Atlantisforscher entdeckte vor einigen Jahrzehnten in einer archäologischen Sammlung in San Salvador eine eigenartige Tonschale. Sie zeigt Menschen, die mit einem seltsamen Fluggerät über eine Palmenlandschaft hinwegfliegen. Wichtig ist hierbei für uns zu wissen, daß zu dem damaligen Zeitpunkt noch niemand etwas von Raumflügen und unbekannten Flugobjekten (Ufos) wußte, so daß ebenso wie bei den Felszeichnungen auf Jotuo eine vorsätzliche Fälschung auszuschließen ist.

Selbst wenn sich die Altersschätzung von 45 000 Jahren als zu hoch herausstellen sollte, so bleibt die Tatsache bestehen, daß wir hier einen eindeutigen Hinweis auf Flugunternehmungen erhielten, die Jahrtausende zurückliegen. Die Form der dargestellten Flugapparate läßt vermuten, daß sie ein sehr fortschrittliches Antriebssystem besaßen. Möglicherweise waren bereits Flugtechniken verwirklicht, um deren Entwicklung sich heute Wissenschaftler aufs neue bemühen. In diesem Zusammenhang sollten wir uns an das eigenartige scheibenförmige Objekt des Prinzen Sabu aus der ersten ägyptischen Dynastie erinnern. Vielleicht ist dieser Gegenstand ein Schlüssel zur Lösung des Problems, wie die Antiliden Jahrtausende vor uns die Eroberung des Luftraums bewerkstelligten.

Dabei sollten wir uns von dem Vorurteil befreien, daß eine frühe Zivilisation nur diejenigen Flugtechniken entdeckt haben konnte, deren wir uns im 20. Jahrhundert bedienen. Im Grunde sind es nur zwei Möglichkeiten, die wir in der Gegenwart nutzen. Zum einen greifen wir bei Ballonen und Luftschiffen auf die Tatsache zurück, daß Gase mit einem geringeren spezifischen Gewicht als die Umgebungsluft einen Auftrieb erfahren. Zum anderen verwenden wir die Energie von Verbrennungsmotoren, um Propeller anzutreiben oder in Brennkammern von Düsentriebwerken oder Raketen einen Rückstoß zu erzeugen. Diese Methoden haben unsere Techniker bis zur äußersten Perfektion weiterentwickelt. Andere Verfahren aber, wie etwa Ionentriebwerke, wurden nur von einzelnen Forschergruppen für Spezialzwecke konstruiert oder in der Theorie entworfen. Die Untersuchungen des russischen Wissenschaftlers Alexander Logwin über ein gasdynamisches Triebwerk mit geschlossenem Kreislauf oder die immer wieder unternommenen Ansätze, einen Antigravitationsantrieb zu konzipieren, zeigen, daß es auch heute noch unerschlossene Wege gibt.

Nachdem man vor wenigen Jahren in einer eiszeitlichen Moränenschicht einen großen Metallkörper aus einer Eisen-Titan-Legierung entdeckte (siehe folgendes Kapitel), müssen wir davon ausgehen, daß die Antiliden auch im Bereich der Metallurgie über eine Hochtechnologie verfügten. Wir sollten deshalb damit rechnen, daß ihre Flugmethoden alles andere als primitiv waren.

Der scheibenförmige Gegenstand aus Sabus Grab war mit Sicherheit kein propellerähnliches Antriebsteil. Technische Prüfungen, insbesonders über das Strömungsverhalten bei unterschiedlichen Drehzahlen, könnten vielleicht wertvolle Hinweise liefern. Möglicherweise führt die Entschlüsselung seines Verwendungszweckes zu einer völlig unerwarteten neuartigen Antriebsart. Eine lohnende Aufgabe für findige Konstrukteure und Techniker!

IV

Meisterleistungen der Technik

Das Eisen der Antiliden

Es ist der 15. Mai 2023 am frühen Vormittag. Professor Alverdi betritt seine Zeitmaschine. Gestern las er ein interessantes Buch über die Geschichte der Technik. Diese Lektüre bietet ihm eine gute Gelegenheit, sein neues Programm zu testen. Er legt es ein und tippt »Erste Eisengewinnung« in den Animator. Wenn alles klappt, wird er in wenigen Augenblicken nicht nur wissen, ob Inder oder Chinesen als erste Eisenerz verhütteten, auch den genauen Zeitpunkt werden ihm die Kontrollinstrumente verraten. Etwa um 2500 v. Chr. müßte es gewesen sein. Kurze Zeit später ist er am Ziel. Schon von weitem sieht er die rauchenden Schlote der halbkugelförmigen Schmelzöfen, fast so, wie er sie sich gestern beim Lesen vorgestellt hatte. Inzwischen kann er auch die Arbeiter erkennen, wie sie abwechselnd Erz und Holzkohle in einige der Öfen schaufeln. Andere sind dabei, das frisch erschmolzene Roheisen in kleine Wagen zu verladen. Bloß sind es keine Inder und auch keine Chinesen. Sie besitzen auffallende Hakennasen, die ihn an seinen letzten Urlaub im Baskenland erinnern. Auch auf Stelen der Mayas hat er schon derartige Gesichtszüge gesehen. Merkwürdig! Nun kann er auch die Umgebung wahrnehmen. Hinter den Hochöfen sieht er einen Hafen mit mehreren vor Anker liegenden Schiffen. Und dann – zweimal reibt er sich die Augen! Jenseits des Hafens dehnt sich weit ein blaugrün schimmerndes Meer. Dieser Ort kann niemals im Inneren Südasiens liegen. Sollte sein neues Programm fehlerhaft arbeiten? Ein Blick auf den Chronographen kann vielleicht

weiterhelfen. Ein kurzer Knopfdruck und »6 000 v. Chr.«
leuchtet auf. Das ist unmöglich! Alverdi beginnt nervös zu
werden. Ein zweiter Versuch soll jetzt für Klarheit sorgen.
»Voltaelement und Galvanisieren« lautet seine Anweisung
an den Animator. Nun müßte er in das 18. Jahrhundert
gelangen und, wenn er Glück hat, Volta oder Galvani begegnen. Doch was ist das? Niemals eine italienische Stadt.
Dieser Laden, den er jetzt betritt, könnte in einem orientali-
schen Dorf liegen. Und der Goldschmied, der kleine Silber-
bleche in ein Flüssigkeitsbad taucht, erinnert ihn fast an ein
Portrait von Hammurabi. Bleibt wieder nur der Chrono-
graph. »200 n. Chr.« lautet die Lichtantwort. Alverdi wird
auf der Rückreise in die Gegenwart, die er schnell eingelei-
tet hat, sehr nachdenklich. Als er sein Arbeitszimmer wieder
betritt, verlieren sich allmählich die Zweifel an seinem Programm. Er wüßte wirklich nicht, wo ein Fehler stecken
könnte. Plötzlich steigt ein Verdacht in ihm auf. Könnten
seine heutigen Beobachtungen bedeuten, daß die Geschichte der Technik, so wie sie in dem bekannten Werk
dargestellt ist, nicht der Wirklichkeit entspricht?
In der gleichen Situation wie der Wissenschaftler dieser fiktiven
Geschichte befinden wir uns heute. Wenn uns auch keine Zeitmaschine zur Verfügung steht, so gibt es doch gewichtige Entdeckungen, die uns eigentlich zwingen sollten, an der allgemein gültigen
Lehrmeinung über die Entwicklung der Naturwissenschaften und
der Technik Zweifel anzumelden.
Schon das Einleitungsbeispiel ist der Realität entnommen. Weder
Inder noch Chinesen waren vor rund 4500 Jahren die Erfinder der
Eisenverhüttung. Die Anfänge reichen wesentlich weiter zurück.
Vor etwa 20 Jahren entdeckte der Taucher P. Vogel in fast 20 Meter
Meerestiefe vor der südfranzösischen Küste, gewissermaßen vor
den Toren der Stadt Marseille, merkwürdige kuppelförmige
Gebilde mit schornsteinartigen Fortsätzen. Zusammen mit dem
Geologen Professor Dujardin untersuchte er dieses umfangreiche
Ruinenfeld. Dabei fand Dujardin Schlacke, wie sie bei der Eisen-
gewinnung in Hochöfen auftritt. Danach bestand kein Zweifel

mehr: Hier handelt es sich um eine ausgedehnte Hochofenanlage aus vorgeschichtlicher Zeit. Aus der Meerestiefe, in der sie sich befindet, können wir ihr Alter ableiten. Stieg doch seit der letzten Eiszeit der Meeresspiegel stetig an. Vor etwa 8000 Jahren dürfte er die Eisenschmelzanlage erreicht haben.

Dies bedeutet, bereits vor annähernd 8000 Jahren wurde aus Erz Eisen gewonnen. Wer aber war jene frühe Kultur, die Eisen herstellte und verwendete?

Hiermit haben wir einen weiteren Hinweis auf die Leistungsfähigkeit der Antiliden. Diesmal aus dem Bereich der Technologie, und er wird nicht der einzige bleiben!

Jahrtausendealte elektrische Batterien

Die Antiliden haben, wie wir im Folgenden erfahren werden, eine ganze Reihe technischer Produkte erfunden. Metallegierungen beispielsweise, die Techniker unserer Zeit in Erstaunen versetzen. Doch gehen wir der Reihe nach vor. Beginnen wir mit dem zweiten Beispiel unserer Einführungsgeschichte. Der deutsche Archäologe Wilhelm König fand 1936 die sogenannte Batterie von Bagdad. Als er mit der Ausgrabung einer *Parthersiedlung* nahe Bagdad beschäftigt war, stieß er auf ein 14 Zentimeter hohes Tongefäß mit ungewöhnlichem Inhalt (Abb. 28, s. nächste Seite).

Ein neun Zentimeter langer Kupferzylinder von 2,6 Zentimeter Durchmesser war durch einen Asphaltverschluß in das Tongefäß eingeführt. Das obere Zylinderende war mit einem Stöpsel ebenfalls aus Asphalt verschlossen. Durch diesen Asphaltstöpsel hindurch ragte ein stark korrodierter Eisenstab tief in den Zylinder hinein.

Es fehlte nur noch eine säurehaltige oder alkalische Lösung, um ein funktionsfähiges Elektrisches Element zu ergeben. Königs Vermutung, daß es sich tatsächlich um ein derartiges Element handeln könnte, bestätigte 1978 Dr. Arne Eggebrecht, der Leiter des Pelizaeus-Museums in Hildesheim. Er füllte Traubensaft als Elektrolyt in ein Modell der Bagdad-Batterie und erhielt eine

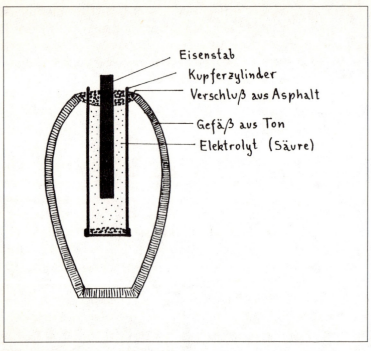

Eisenstab

Kupferzylinder

Verschluß aus Asphalt

Gefäß aus Ton

Elektrolyt (Säure)

Abb. 28: Die Batterie von Bagdad

Spannung von 0,5 Volt. Mit Hilfe dieses Modells gelang ihm darüber hinaus der Nachweis, daß sich Elektrische Elemente dieser Bauart zum Galvanisieren eigneten. Nachdem er eine kleine Silberfigur in eine Goldzyanidlösung getaucht und mit der Batterie als Stromquelle verbunden hatte, konnte er auf elektrolytischem Wege einen feinen Goldüberzug auf der Silberfigur erzeugen. Möglicherweise wurden in der Antike Metallgegenstände auf diesem Wege vergoldet, wie beispielsweise eine um 400 v. Chr. entstandene ägyptische Silberstatuette des Gottes Orisis.

Die Parthersiedlung, in der man die Batterie fand, wurde um 200 n. Chr. zerstört. Das Elektrische Element muß folglich mindestens 1800 Jahre alt sein. Mithin können nicht länger Luigi Galvani und Volta als Entdecker der Stromerzeugung durch derartige Elemente gelten. Galvanis berühmtes Froschschenkelexperiment aus dem Jahre 1789 und Voltas erste elektrische Batterien wenige Jahre später wären demnach nur eine Neuentdeckung nach Jahrtausenden, vergleichbar mit dem Wiederauffinden Amerikas durch die Europäer im 15. Jahrhundert. Wahrscheinlich muß der Zeitpunkt der Erstentdeckung und auch der technischen Nutzung um Jahrtausende zurückverlegt werden. Sie den Parthern zuschreiben zu wollen, wäre sehr willkürlich. Dies um so mehr, als wesentlich ältere, vermutlich elektrolytisch vergoldete Objekte existieren. Albert König ist der Meinung, daß einzelne Kupfergegenstände bereits um 2500 v. Chr. auf diese Weise einen Goldüberzug erhielten. Sind wir gezwungen, so weit in der Geschichte zurückzugehen, dann gelangen wir zu den Ägyptern und Sumerern. Doch wer sagt uns, daß in einer der beiden Hochkulturen die Entdecker der Galvanischen Elemente zu finden sind? Vielleicht haben auch sie nur von den Erfindungen der Antiliden profitiert.

Wer baute den Griechen eine astronomische Uhr?

Als nächstes wollen wir kurz unseren Blick nach Griechenland richten, zurück in seine Vergangenheit, so wie es sich dem Betrachter vor 2000 Jahren darbot. Die damaligen Leistungen auf dem Gebiet der bildenden Künste, der Literatur und der Philosophie verhalfen der griechischen Kultur zu Weltruhm. Bis zur zweiten Hälfte unseres Jahrhunderts ahnte wohl niemand, daß die Griechen der Antike auch im naturwissenschaftlich-technischen Bereich einen Stand erreicht hatten, der bislang der europäischen Neuzeit vorbehalten zu sein schien.

Im Jahr 1900 fanden griechische Taucher in einem Schiffswrack vor Antikythera neben zahlreichen Statuen eigenartige, stark verwitterte Bronzeteile in einem Gehäuse aus Holz. Als man zwei Jahre später mit eingehenderen Untersuchungen begann, stieß man auf Fragmente von Zahnrädern, die, wie Inschriften auf dem Gehäuse ergaben, aus der Zeit um 80 v. Chr. stammten. 1958 war es dann Derek de Solla Price, Professor der Wissenschaftsgeschichte, der die Kompliziertheit und Bedeutung dieses astronomischen Instrumentes erkannte. Über 20 Zahnräder in Verbindung mit einem Wechselgetriebe ergaben einen Mechanismus, dessen Funktionsweise eigentlich noch gar nicht hätte bekannt sein dürfen (Abb. 29, s. Bildteil). Zwar beschreibt Aristoteles bereits 330 v. Chr. in seiner »Mechanik« Zahnräder und Getriebe aus Bronze und Eisen, doch der Mechanismus von Antikythera entspricht einem technischen Stand, der erst vor wenigen Jahrhunderten – wieder – erreicht wurde. Infolge der starken Korrosion ist die genaue Funktionsweise nicht mehr zu ermitteln. Wahrscheinlich handelt es sich um ein Instrument zur Veranschaulichung der Planeten-, Mond- und Sonnenbewegung. Astronomische Zahlenangaben in der Gehäuseinschrift weisen in diese Richtung. Auf jeden Fall wirkt dieses Instrumentarium im griechischen Kulturkreis wie ein Fremdkörper. In den überlieferten wissenschaftlichen Schriften ist kein einziger Hinweis auf ein derartiges astronomisches Gerät oder gar dessen Verwendungszweck enthalten. Wir müssen uns daher zu Recht fragen, ob es – oder zumindest das seiner Konstruktion zugrundeliegende Prinzip – nicht wesentlich älteren Ursprungs ist.

Menschliche Schädel aus Bergkristall

Nicht weniger merkwürdig als die astronomische Uhr ist eine Entdeckung des Jahres 1927. Anna Mitchell-Hedges fand in den Ruinen der alten Mayastadt Lubaantun in Belize die Nachbildung eines Menschenschädels aus Bergkristall. Der in Originalgröße angefertigte Kristallschädel mißt zwölf Zentimeter in der Breite und 17 Zentimeter in der Höhe und wiegt 5,2 Kilogramm. Bergkristalle in der erforderlichen Größe findet man in Minas Gerais in Brasilien.
Ein zweiter, gleich großer Kristallschädel befindet sich im Museum of Mankind in London (Abb. 30, s. Bildteil). Er gelangte 1898 über die Juwelierfirma Tiffany in das Museum. Weiter zurück läßt sich der Weg dieses zweiten Schädels nicht verfolgen. Genaue Unter-

suchungen der beiden Objekte ergaben, daß sie offensichtlich nach dem gleichen Vorbild, und zwar einem weiblichen Schädel, angefertigt wurden. Im Gegensatz zu dem Londoner Exemplar besitzt der Mitchell-Hedges-Schädel einen abnehmbaren Unterkiefer und feinere Details. Dadurch erhält er die Eigenschaften eines anatomischen Modells. Beide Schädel lassen keine Bearbeitungsspuren erkennen. Hieraus schlossen einzelne Autoren, daß die Schädel durch manuelles Polieren aus dem rohen Kristallblock herausgearbeitet wurden und berechneten hierfür eine Arbeitszeit von mehreren Millionen Stunden, das heißt von weit über 100 Jahren. Hierzu ist zu bemerken, daß schon seit einigen tausend Jahren Gesteine und Mineralien mit Hilfe ihres eigenen Sandes gebohrt, gesägt und geschliffen wurden – in einer vertretbaren, begrenzten Arbeitszeit. Bergkristall könnte mit härteren Mineralien wie etwa Aquamarin oder Chrysoberyll, die man ebenfalls in Brasilien findet, noch zeitsparender bearbeitet werden. Wird abschließend sorgfältig poliert, dann verschwinden sämtliche Bohr- und Schleifspuren.

Diverse mysteriöse Eigenschaften wurden diesen Kristallschädeln nachgesagt. Der Vater von Mitchell-Hedges bezeichnete das seiner Schätzung nach 3600 Jahre alte Fundobjekt als »unheimlichen Schädel des Verhängnisses«, der mit der Fähigkeit behaftet sein soll, Todesdrohungen in Erfüllung gehen zu lassen. Einzelne Personen, die längere Zeit mit ihm beschäftigt waren, berichteten von Lichtern und Bildern, die in dem Kristallkörper zu sehen waren. Bis heute sind weder Alter noch Herkunft der Schädel gesichert. Noch kennen wir keine Möglichkeit, den Zeitpunkt zu bestimmen, an dem ein Mineral einer Bearbeitung unterzogen wurde. Hinzu kommt, daß Bergkristall zu den korrisionsbeständigsten Mineralien gehört. Selbst eine jahrtausendelange Lagerung im Erdreich hinterließe keine erkennbaren Spuren. Zwar wird der Mitchell-Hedges-Schädel den Mayas, von manchen Wissenschaftlern auch den Azteken, zugeschrieben, doch sollte man nicht vergessen, daß der Fundbericht sehr umstritten ist. Möglicherweise verliert sich seine Herkunft genau so im dunkeln wie bei dem in London aufbewahrten Schädel. Selbst wenn er, wie vermutet wird, von Aztekenpriestern bei religiösen Zeremonien verwendet wurde, so gibt dieser Umstand noch keine Auskunft über sein tatsächliches Entstehungsalter und den Herkunftsort. Die Ägypter waren beispielsweise vor rund 4000 Jahren in der Lage, aus Bergkristall vollendete Tierplastiken herzustellen. Könnte dieses vorzügliche anatomische Modell, um das es sich bei dem Schädel aus Lubaantun gewissermaßen handelt, nicht vielleicht tatsächlich einer frühen, technisch hochentwickelten Zivilisation als Lehrmodell gedient haben?

Die Fragen nach Entstehungszeit und Ursprungsort der drei bisher vorgestellten Objekte werden sich vielleicht in einigen Jahren mit Hilfe neuer Forschungsmethoden beantworten lassen. Bei den beiden folgenden Beispielen sind wir jedoch vor ungleich größere Rätsel gestellt.

Warum rostet die Eisensäule von Delhi nicht?

Wenden wir uns zunächst der Aschoka-Säule zu (Abb. 31, s. Bildteil). Diese sieben Meter hohe Säule aus Eisen steht beim Kutub Minar in Delhi und wurde angeblich um 310 n. Chr. hergestellt. Auffallendstes Merkmal dieses Eisengebildes, das am unteren Ende einen Durchmesser von 40 Zentimeter besitzt und sich nach oben auf 30 Zentimeter verjüngt, ist das Fehlen jeglichen Rostfraßes. Um den Grund dieser Rostbeständigkeit herauszufinden, hat man die chemische Zusammensetzung der Säule analysiert. Sie besteht mit 99,72 Prozent fast aus reinem Eisen. Die übrigen 0,28 Prozent setzen sich im wesentlichen zusammen aus 0,08 Prozent Kohlenstoff, 0,046 Prozent Silizium, 0,006 Prozent Schwefel und 0,114 Prozent Phosphor.

Der hohe Reinheitsgrad des Eisens ist für die damalige Zeit ganz ungewöhnlich, und geradezu unerklärlich ist die Rostfestigkeit der Säule. Bereits vor dem Beginn der Eisengewinnung wurde *Meteoreisen*, das aus dem Weltall stammt, zur Herstellung der ersten Eisengegenstände verwendet. Meteoreisen zeigt dank seines Nikkelgehaltes von acht bis 13 Prozent keine Rostbildung. Heute erhält man rostfreie Stahlsorten durch Zusätze von Chrom oder Nickel. Beide Metalle sind aber in der Säule nicht enthalten. Auch andere Legierungsbestandteile, die eine Beständigkeit gegenüber der Luftfeuchtigkeit bewirken könnten, kommen in ihr nicht vor. In 1700 Jahren müßte die Säule daher weitgehend von Rost zerfressen worden sein. Da dies nicht der Fall ist, müssen ihre Hersteller über eine physikalische Behandlungsmethode verfügt haben, die eine Korrosionsbildung zu unterbinden vermag. Eine erstaunliche Leistung!

Ebenso rätselhaft ist die angewandte Herstellungstechnik. Soweit erkennbar, wurde der rund sieben Tonnen schwere Eisenblock geschmiedet. Nähte, die etwaige Teilstücke miteinander verbinden könnten, sind an der Säule nicht feststellbar, so daß man davon ausgehen muß, daß die Anfertigung dieser beachtlichen Eisenmasse in einem Stück erfolgte. Nur ergibt sich dann die Frage: Mit welchen Schmiedehammerwerken gelang diese Glanzleistung der Schmiedetechnik? Zwar begann die Eisengewinnung in Indien möglicherweise bereits um 2500 v. Chr., und mit Sicherheit beherrschte man seit 1500 v. Chr. die Technik des Schmiedens von Eisen. Aber die aus Überresten rekonstruierten Schmiedeeinrichtungen in Indien erlaubten niemals die Herstellung derart großer Werkstücke. Auch im benachbarten China wurden keine Eisenverarbeitungsanlagen der erforderlichen Größe gefunden. Angesichts der Dimensionen dieser Eisensäule erhebt sich daher die Frage nach ihrem wahren Ursprung.

Leider gibt es bislang keine Methode, das Alter eines derartigen Metallgegenstandes exakt zu bestimmen. Anhand des Fundortes und der Fundumstände kann man zwar versuchen, das Alter abzuschätzen. Jedoch muß man in diesen Fällen stets ein wesentlich höheres Entstehungsalter einkalkulieren. Denken wir beispielsweise an den 23 Meter hohen Obelisken von Luxor, der 1831 nach Paris kam und seitdem dort den Place de la Concorde ziert. Seine Herstellung verdankt er Ramses II. im 13. Jahrhundert v. Chr. Kämen in 3000 Jahren Besucher nach Paris, so würden sie ohne gute kunstgeschichtliche und archäologische Kenntnisse wohl kaum in der Lage sein, das hohe Alter dieses Steinmonumentes zu erkennen. Dabei hätten sie es aufgrund der Tatsache, daß Gesteine altersabhängige Verwitterungserscheinungen zeigen, wesentlich leichter. Wir sollten daher die Möglichkeit nicht ausschließen, daß die Aschoka-Säule wesentlich älter ist, als man bisher annahm, und daß sie unter Umständen bereits eine lange Reise hinter sich hatte, bevor sie in Dehli aufgestellt wurde.

In diesem Zusammenhang drängt sich einem nahezu die Frage auf, aus welchem Grunde die Eisengewinnung gerade in Indien zu einem so frühen Zeitpunkt und in einem derartigen Umfang ihren Ausgang genommen haben soll. Die Kupfer- und Bronzegewinnung hatte nach den heute üblichen Vorstellungen ihren Ursprung in Kleinasien.

Warum begann dann nicht diese in der Metallurgie erfahrene Bevölkerung als erste mit der wesentlich schwierigeren Eisenerzeugung? Könnte eine Vermutung, die William F. Warren, B.G. Tilak und Professor Charles H. Hapgood äußerten, richtig sein? Diese drei Wissenschaftler waren der Meinung, daß die Atlanter oder zumindest Teile von ihnen nach Südindien auswanderten. Oder waren es nicht eher die Antiliden, denen wir dieses ungewöhnliche Metallstück verdanken? Ihnen standen jedenfalls, wie wir wissen, bereits vor 8000 Jahren ausgedehnte Eisenschmelzanlagen zur Verfügung.

Aber sehen wir uns weiter um. Es gibt noch andere Metallfunde, die sich absolut nicht in die bisherige Geschichte der Metallkunde einfügen.

Aluminium im alten China

Im Jahr 1956 fand man bei Yihing in China beim Öffnen einiger Gräber aus der Tsin-Dynastie (um 220 v. Chr.) neben anderen Fundstücken auch mehrere silberne Gürtel und – zur Überraschung der Archäologen – einen Gürtel aus Aluminium (Abb. 32, s. Bildteil). Diese Tatsache wirft größere Probleme auf, als es im ersten Augenblick den Anschein hat.

Die Gewinnung und Verarbeitung der Metalle Gold, Silber, Kupfer, Blei, Zinn und später auch Eisen waren verschiedenen Kulturvölkern im Altertum bekannt. Diese Metalle zeichnen sich durch ein hohes spezifisches Gewicht aus. Gold, gelegentlich auch Kupfer und Silber, treten in der Natur in reiner Form auf. Die Erze der Metalle verraten sich durch ihr hohes Gewicht, das sie deutlich von Gesteinen unterscheidet. Hinzu kommt der Metallglanz vieler Erze. Dadurch fielen sie den Menschen schon früh auf. Aluminium dagegen hat als sogenanntes Leichtmetall ein sehr niedriges spezifisches Gewicht. Seine Erze unterscheiden sich gewichtsmäßig kaum von durchschnittlichen Gesteinen. Obendrein sehen sie völlig unscheinbar aus. Ohne hervorragende mineralogische oder chemische Kenntnisse könnte wohl kaum eine Kultur Aluminiumerze oder gar das Metall selbst entdecken.

Die technologisch interessanten Eigenschaften des Aluminiums wurden erst erkannt, als es 1827 dem Chemiker Friedrich Wöhler gelang, aus Aluminiumchlorid kleine Mengen reinen Aluminiums auf chemischem Wege zu gewinnen. Technisch nutzbare Aluminiummengen lassen sich nur auf elektrolytischem Wege aus Aluminiumoxid herstellen. Zu diesem Zweck muß zuerst in einem komplizierten Aufbereitungsverfahren aus dem Rohstoff *Bauxit* reines Aluminiumoxid gewonnen werden. Dieses wird anschließend in großen Schmelzwannen mit Hilfe einer Gleichspannung von rund sechs Volt bei einer Stromstärke von 25 000 bis 40 000 Ampere in Aluminium und Sauerstoff zerlegt.

Wer elektrische Ströme dieser Stärke erzeugen will, muß über eine hochentwickelte Elektrotechnik verfügen. Große Generatoren und Gleichrichteranlagen sind eine unabdingbare Voraussetzung hierfür.

Eine chemische Analyse der Gürtelschnallen ergab zudem, daß sie nicht aus reinem Aluminium, sondern aus einer hochwertigen Aluminiumlegierung aus 85 Prozent Aluminium, zehn Prozent Kupfer und fünf Prozent Mangan gefertigt waren.

Wir können heute mit Sicherheit sagen, daß weder die Metallurgen der chinesischen Tsin-Dynastie noch die einer anderen bekannten alten Hochkultur in der Lage waren, Aluminium zu gewinnen oder eine entsprechende Aluminiumlegierung herzustellen. Woher stammt dann das Aluminiumstück, aus dem der Gürtel gefertigt wurde?

Da seine Schnallen in ihrer Form ganz den gleichzeitig aufgefundenen Silberschnallen entsprechen, auch die Korrosionserscheinungen das hohe Alter bestätigen, bestehen an ihrer Echtheit keine Zweifel. Auch die völlig ungebräuchliche Zusammensetzung der Legierung spricht gegen eine Fälschung. Zum Zeitpunkt der Entdeckung besaßen Aluminiumlegierungen meist einen wesentlich geringeren Kupfergehalt. War der Kupferanteil in Einzelfällen hoch, dann fehlte in den betreffenden Legierungen das Mangan ganz oder kam nur in kleinen Mengen vor. Generell lag der Mangangehalt in der Regel weit unter zwei Prozent.

Wenn wir nicht einen außerirdischen Ursprung annehmen wollen, geraten wir daher in beträchtliche Schwierigkeiten. Es sei denn, wir sind bereit, ähnlich wie bei den astronomischen Leistungen eine frühe Hochzivilisation anzunehmen, die entsprechende technologische Fähigkeiten besaß. Das bedeutet, daß sich unser Blick wieder einmal auf die Antiliden richtet.

Im übrigen kommt diesen Aluminiumteilen eine besondere Bedeutung zu. Zunächst einmal bilden sie ein greifbares Beweisstück für die Leistungsfähigkeit der Antiliden. Zum anderen werfen sie unweigerlich die Frage auf, warum kaum Gegenstände aus der Welt der Antiliden erhalten sind. Fast alles wurde, wie wir in dem Kapitel »Eine Katastrophe brachte den Untergang« noch sehen werden, durch eine Naturkatastrophe vernichtet. Was ihr nicht zum Opfer fiel, wurde durch Menschenhand zerstört. Dieses Aluminium, ursprünglich vermutlich ein technisches Bauteil der Antiliden, wurde zu einem Gürtel umgearbeitet. Nur die Tatsache, daß Aluminium vor 2000 Jahren nicht herstellbar war, ließ uns überhaupt darauf aufmerksam werden. Es erlitt das gleiche Schicksal wie die zahllosen griechischen Bronzestatuen, die sinnloser Zerstörung zum Opfer fielen. Andere dieser Standbilder wurden verschleppt, eingeschmolzen oder liegen heute noch auf dem Grund des Mittelmeeres, nachdem die Beuteschiffe, die sie transportierten, im Sturm versanken. Welche Mengen an Bronze, Gold und anderen Metallen gingen im Laufe der Geschichte verloren!

Original erhaltene Metallgegenstände aus frühen Epochen fanden die Archäologen eigentlich nur in Gräbern von Herrschern, soweit ihnen nicht auch dort Grabräuber zuvorgekommen waren. Die Aluminiumlegierung, die wir uns soeben ansahen, gibt uns bereits einen Hinweis auf den hohen technologischen Stand der Antiliden. Ihre Herstellung ist aber noch vergleichsweise einfach gegenüber der nun folgenden Legierung.

Eine Cer-Legierung mit ganz ungewöhnlichen Eigenschaften

Am Ufer des Flusses Waschka im nordöstlichen Rußland fanden 1976 Arbeiter einen silberglänzenden Metallbrocken. Er reagierte auf jegliche Form der Bearbeitung, ob mit Hammer oder Säge, in der gleichen merkwürdigen Weise. Jedesmal sprühten leuchtende Funken in alle Richtungen. Geologen, die auf diesen seltsamen Fundgegenstand aufmerksam wurden, sandten Proben an verschiedene staatliche Forschungsinstitute, so auch an das Institut für nukleare geophysikalische und geochemische Forschung. Dort wurde die Metallprobe eingehend untersucht, unter anderem mit Hilfe der *Gammaspektrometrie* und der *Neutronenaktivierungsanalyse*. Beide Methoden haben sich bei der Untersuchung des Mondgesteins hervorragend bewährt. Selbst Spuren der verschiedenen chemischen Elemente ließen sich eindeutig nachweisen.

Die Analysen ergaben eine völlig ungewöhnliche Zusammensetzung des Metallkörpers. Er enthielt neben Beimengungen von Molybdän, Eisen, Magnesium und Uran 67,2 Prozent Cer, 10,9 Prozent Lanthan und 8,78 Prozent Neodym. Diese sogenannten seltenen Erdmetalle kommen zwar in der Natur in verschiedenen Mineralien vor, aber nie in dieser Zusammensetzung und in einer derart hohen Konzentration. Es konnte sich daher nach Meinung der untersuchenden Wissenschaftler nur um eine künstlich hergestellte Legierung handeln.

Obwohl in der Probe 140mal soviel Uran vorkam wie in durchschnittlichem irdischen Gestein, ließen sich keine Spaltprodukte des Urans nachweisen. Hierzu müssen wir wissen, daß Uran sehr langsam in andere, in leichtere chemische Elemente zerfällt. In 4,56 Milliarden Jahren ist es zur Hälfte zerfallen. Aus der Menge der bei diesem Uranzerfall entstandenen Elemente kann man infolgedessen das Alter der untersuchten Probe bestimmen. Bei der vorliegenden Legierung konnte das Alter höchstens 100 000 Jahre betragen. Somit hatte man noch einen Hinweis, der eine natürliche Entstehung ausschloß. Andere Forschungsinstitute stellten weitere auffallende Eigenschaften dieser Metallegierung fest. So enthalten beispielsweise die Seltenen Erden sowohl in den in der Natur vorkommenden als auch in künstlich hergestellten Legierungen stets Verunreinigungen durch Kalzium oder Natrium. In dem untersuchten Metallkörper dagegen fehlten diese chemischen Elemente völlig. Noch ungewöhnlicher war die Beschaffenheit des in der Probe enthaltenen Lanthans. Dieses Element kommt in der Natur nie allein, sondern immer in Verbindung mit weiteren Elementen der *Lanthanreihe* vor. Diese sogenannten Lanthaniden lassen sich nur sehr schwer auf chemischem Wege voneinander trennen, da ihre Eigenschaften sehr ähnlich sind. Um so erstaunter waren die Wissenschaftler, daß die Metallprobe nur Cer, Lanthan und Neodym enthielt. Das vollständige Fehlen von Natrium, Kalzium und weiteren Lanthaniden ist ein Beweis dafür, daß es sich bei dem Fundstück um keinen Meteoriten aus dem Weltall handeln kann.

Das Merkwürdigste waren die Ergebnisse der Strukturanalysen. Der Metallkörper wurde offensichtlich aus einer Pulvermischung gefertigt, die aus feinen und allerfeinsten Partikeln mit unterschiedlicher Kristallstruktur bestand. Die erstaunlich hohe Dichte der Legierung spricht dafür, daß sie in einem Kaltpreßverfahren bei einem Druck von einigen 10 000 bar (atü) hergestellt wurde. Da es sich offensichtlich um das Bruchstück eines größeren Metallkörpers handelt, versuchten die russischen Wissenschaftler die Gestalt des ursprünglichen Gegenstandes zu rekonstruieren. Dabei fanden sie heraus, daß er allem Anschein nach einstmals entweder ein Zylinder, ein Ring oder eine Kugel von mehr als einem Meter Durchmesser war. Über seinen Verwendungszweck lassen sich vorläufig nur Vermutungen anstellen, da die heutigen Industrieländer eine vergleichbare Legierung weder hergestellt noch technisch genutzt haben. Möglicherweise ist von Bedeutung, daß der Körper mehr als fünfzehn Magnetisierungsrichtungen erkennen läßt. Er könnte daher eventuell zur Erzeugung extrem tiefer Temperaturen verwendet worden sein. Mit ziemlicher Sicherheit läßt sich sagen, daß die Legierung ihre magnetischen Eigenschaften nur erhalten konnte, weil bei der Herstellung ungewöhnlich starke Magnetfelder zur Anwendung gekommen waren. Welche Zivilisation hat nun den hohen Reinheitsgrad der chemischen Elemente, den hohen Preßdruck und die extrem starken Magnetfelder erzeugt? Vor allem müssen wir uns fragen: Wie kommt dieses Metallbruchstück in die Nähe des nördlichen Ural? In diesem Gebiet der Erde waren die ersten irdischen Technologen sicher nicht beheimatet. So bleibt eigentlich nur die Annahme, daß es sich um das Teilstück eines unkonventionellen Transportfahrzeuges handelt, das zerstört wurde. Ob aus Vorsatz oder infolge eines technischen Versagens oder durch eine Naturkatastrophe, das wissen wir nicht.

Fast könnte es jetzt verlockend erscheinen, bei einer außerirdischen Zivilisation Zuflucht zu suchen. Doch diesem Gedanken steht ein klares Analyseergebnis entgegen. Eine Isotopenanalyse (siehe Schlußkapitel) ergab nämlich, wie Dr. W. Formenko erklärte, »daß die Isotopenzusammensetzung der Legierung so gut wie hundertprozentig mit dem auf der Erde üblichen Mischungsverhältnis von Isotopen übereinstimmt.«

Außerirdische Besucher kommen demnach nicht als Produzenten dieser hochkomplizierten Metallegierung in Frage. Wer könnte sie dann hergestellt haben? Es bleiben wieder einmal nur die Antiliden übrig. Vielleicht mag manchem Leser die Zustimmung nicht leicht fallen. Sind doch die Konsequenzen beträchtlich. Es bedeutet nämlich nicht weniger, als daß die Antiliden auf maschinellem Wege einen Druck von mehreren 10 000 bar sowie extrem starke Magnetfelder erzeugen konnten. Das heißt aber letztlich: Der Leistungsstand ihrer Technik war dem unseres Jahrhunderts ebenbürtig. Und das zu einem Zeitpunkt, der Jahrtausende vor dem

Beginn der ägyptischen Kultur lag. Woher wir diesen Zeitpunkt kennen? Nun, die nächste Metalllegierung wird uns den Beweis liefern. Sie wurde vor neun Jahren per Zufall in der Republik Estland aufgefunden.

Metallverarbeitung in der Eiszeit

1984 begannen Arbeiter in einem Dorf bei Tallin einen Brunnen zu bohren. Ein alltäglicher Routinevorgang, so sollte man meinen. Doch diesmal wollte das Unternehmen nicht gelingen. Sogar Spezialbohrer brachen ab. Als Ursache für diese ungewöhnlichen Schwierigkeiten ermittelte man einen großen Metallkörper, der in 6,5 Meter Tiefe im Erdboden lag. Nachdem es gelungen war, mit einer Diamantscheibe ein Metallstück abzutrennen, wurden Proben hiervon an das Physikalisch-technische Institut in Moskau, an das Industrieforschungsinstitut für seltene Metalle und weitere Forschungseinrichtungen verteilt. Die Analysen ergaben eine Eisen-Titan-Legierung mit einem Gehalt von 80 Prozent Eisen neben fünf Prozent Titan sowie einem unterschiedlichen Anteil der Elemente Silber, Germanium, Gallium, Niobium, Indium und Thorium. Auffallend war auch die große Hitzebeständigkeit und extreme Säurefestigkeit der Legierung.

Die Beschaffenheit der Metallprobe, darin waren sich die untersuchenden Wissenschaftler einig, schließt eine natürliche Entstehung aus. Das Geologische Institut der Estnischen Akademie der Wissenschaften kam zu folgendem Ergebnis: »Die Struktur und die Eigenschaften der Legierung, die ihrer Zusammensetzung nach Ferriten ähnelt, geben unseren Fachleuten Rätsel auf, da eine Technologie zur Herstellung einer solchen Legierung bislang unbekannt ist.« (Aus dem Originalbericht vom 16. 6. 1987.)

Geophysikalische Untersuchungen ergaben, daß der Metallkörper einen Durchmesser von 15 bis 20 Metern besitzt. Die Dicke scheint im Zentrum ungefähr drei bis vier Meter zu betragen und zu den Rändern hin abzunehmen. Um den gesamten Köper herum ließ sich ein starkes Magnetfeld registrieren. Vermutlich werden

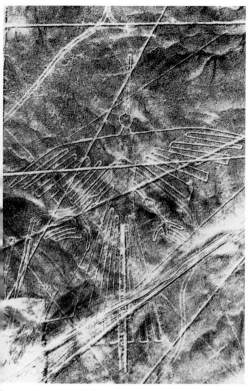

Linien und Tierfiguren von Nazca. Auf einer Hochfläche im Westen Perus wurden ab 300 v. Chr. Linienmuster und Tierfiguren in den Wüstenboden gegraben. Der abgebildete Vogel besitzt eine Flügelspannbreite von 122 Metern (Silvestris) (Abb. 26)

Der Schlangenhügel in Ohio. Seit etwa 300 v. Chr. entstanden im Ohio-Tal/USA monumentale Erdgräber, die »Mounds«, oftmals in Form riesiger Tiergestalten. Diese Tierbilder sind nur aus der Vogelperspektive erkennbar. Der hier abgebildete Schlangenhügel hat eine Länge von 400 Metern (Tony Linck) (Abb. 27)

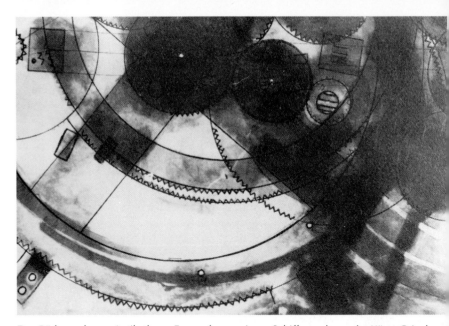

Das Räderwerk von Antikythera. Es wurde aus einem Schiffswrack vor der Küste Griechenlands geborgen. Röntgenaufnahmen ergaben, daß es sich um ein kompliziertes astronomisches Meßinstrument mit über 20 Zahnrädern handelt. Es ist über 2000 Jahre alt (Derek de Solla Price) (Abb. 29)

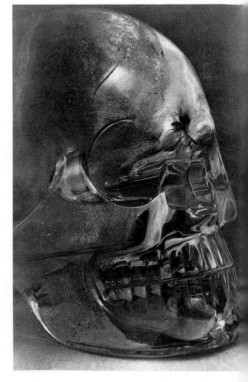

Ein lebensgroßer Schädel aus Bergkristall. Ein weiteres Exemplar wurde in den Ruinen einer Maya-Stadt gefunden. Da es bislang keine Möglichkeit der Altersbestimmung gibt, weiß man nicht, welche alte Zivilisation diese anatomischen Modelle angefertigt hat (Museum of Mankind, London) (Abb. 30)

Die Aschoka-Säule in Delhi, nach ihrem Standort häufig auch Kutub-Säule genannt. Diese über sieben Meter hohe Eisensäule, die wahrscheinlich um 310 n. Chr. aufgestellt wurde, zeigt keinen Rostzerfall. Herkunft und Entstehungsalter sind unbekannt (Büdeler-Naumann: Das Buch vom Metall) (Abb. 31)

Ein altchinesischer Gürtel aus Aluminium, der in einem mehr als 2200 Jahre alten Grab gefunden wurde. Es ist bislang nicht bekannt, welche Kultur in der Lage war, das Aluminium, das in der Neuzeit erstmals wieder 1827 in kleinen Mengen gewonnen werden konnte, herzustellen (P. Krassa: ...und kamen auf feurigen Drachen) (Abb. 32)

Das Radioteleskop von Puerto Rico. Mit diesem Radioteleskop kann man Funksignale aus bis zu 100 Lichtjahren Entfernung empfangen (The Hamlyn Guide to Astronomy) (Abb. 33)

Das Projekt Cyclops. Eine gigantische Sende- und Empfangsanlage, die aus 1000 Einzeltele-skopen von je 100 Meter Durchmesser besteht, würde einen Funkverkehr durch das gesamte Milchstraßensystem, sogar bis zu Nachbargalaxien ermöglichen (NASA) (Abb. 34)

die geplanten weiteren Untersuchungen noch manche Überraschung liefern.

Und nun kommen wir zu dem zweifellos bedeutsamsten Ergebnis. Der Metallgegenstand lagerte sehr tief in einer *Moränenschicht*. Die Tatsache, daß das Erdreich um den Körper herum völlig naturbelassen war, liefert uns einen Hinweis auf das Alter: Die Metallegierung muß spätestens am Ende der letzten Eiszeit, das heißt vor rund 10 000 Jahren, als die Gletscher abschmolzen, in die Erdschicht eingebettet worden sein.

Gleichzeitig zeigen uns die Umstände der Entdeckung dieses Metallkörpers noch etwas ganz anderes. Es war ein Zufallsfund, der an einer Stelle gelang, an der Archäologen niemals Überreste aus früheren Zeiten gesucht hätten. Hinzu kommt, daß die Tiefe, in der sich der Gegenstand befindet, beträchtlich ist. Ausgräber konzentrieren ihre Arbeit stets auf Stellen, wo Ruinen direkt erkennbar sind oder wo eine ungewöhnliche Bodenbeschaffenheit eine erfolgreiche Suche verspricht. Es sind dies meist hügelförmige Erhebungen, unter denen sich Gräber oder wie in Mesopotamien ganze Siedlungen vermuten lassen. Wie viele Relikte, die von den Antiliden stammen, mögen daher noch unentdeckt im Erdreich ruhen! Oder am Meeresgrund. Denken wir doch an die große Zahl bedeutender Siedlungen, die in historischer Zeit unmittelbar an der Küste errichtet wurden. Warum sollten die Antiliden diesbezüglich anders gehandelt haben. Vor 18 000 Jahren, am Höhepunkt der letzten Eiszeit, lag der Meeresspiegel rund 100 Meter tiefer als heute. Wir dürfen daher etwaige Hinterlassenschaften der Antiliden bevorzugt in Küstennähe viele Meter unter dem Meeresspiegel erwarten. Im übernächsten Kapitel werden wir einigen dieser Spuren begegnen. Doch dürfen wir jetzt schon eines ganz klar sagen. Die Unterwasserarchäologie steckt buchstäblich noch in den Kinderschuhen. Zwar verdanken wir ihr inzwischen einige herrliche griechische Bronzestatuen und eine Fülle antiker Amphoren. Das darf aber nicht darüber hinwegtäuschen, daß es sich letztlich nur um erste Anfänge eines neuen Forschungszweiges handelt. Vorläufig waren es in erster Linie Privattaucher, das heißt Amateure, die uns auf ungewöhnliche

Unterwasserfunde aufmerksam machten. Wir dürfen daher in den nächsten Jahrzehnten noch so manchen Beleg für die Existenz der Antiliden erwarten.

Zum Schluß sei noch einmal an die Beurteilung des Metallkörpers durch die Estnische Akademie der Wissenschaften erinnert. Kam sie doch zu dem Ergebnis, daß eine Technologie zur Herstellung einer derartigen Legierung bisher unbekannt ist. Dieses Eingeständnis bedeutet aber, so unwahrscheinlich es manchem von uns auch anmuten mag, daß die Antiliden bereits vor etwa 10 000 Jahren zumindest in einzelnen technischen Bereichen unsere heutige Spitzentechnik beherrschten.

Und noch etwas. Wollten wir die Herstellung der Legierung nicht den Antiliden zubilligen, dann kämen als Produzenten nur außerirdische Zivilisationen in Frage. Extraterrestrische Besucher müßten in diesem Falle einen Metallkörper von nahezu 20 Meter Durchmesser auf die Erde gebracht haben. Welche gewichtigen Argumente jedoch gegen einen Besuch Außerirdischer sprechen, soll uns das nächste Kapitel zeigen.

V

Kamen die Götter aus dem Weltall?

Eine kosmische Nachricht,
die uns erreichen könnte

Am 15. 12. 1994 um 22.15 Uhr Mitteleuropäischer Zeit werden sämtliche Fernsehsendungen mit folgender Nachricht unterbrochen: »Wie das Radioastronomische Observatorium in Goldstone/USA vor einer halben Stunde mitteilte, hat es Signale einer außerirdischen Zivilisation empfangen. Auf dem Kanal 1587 des Vielkanal-Frequenzanalysators, der an das große Radioteleskop angeschlossen ist, wurden bei einer Frequenz von 8,522 Gigahertz zwei Signalfolgen von je 597 953 Impulsen aufgezeichnet. Die ersten Analysen ergaben, daß es sich um das Produkt aus den Primzahlen 853 und 701 handelt. Der Versuch, die Impulse zu einem zweidimensionalen Bild zusammenzusetzen, waren, wie Sie sehen können, erfolgreich. Jedes der beiden identischen Bilder besteht aus 701 Zeilen zu je 853 Bildpunkten. Das Radioteleskop war zur Zeit der Signalaufzeichnung auf das Sternbild Cassiopeia ausgerichtet. Fotografische Aufnahmen zeigen an der in Frage kommenden Stelle einen lichtschwachen Stern vierzehnter Größe vom Spektraltyp G_1. Seine Entfernung beträgt 850 Lichtjahre. Ein Planet dieser fremden Sonne besitzt offensichtlich eine uns ebenbürtige technische hochentwickelte Zivilisation. Das empfangene Bild zeigt uns Wesen mit humanoid wirkendem Gesichtsausdruck und Körperformen. Die Apparate im Hintergrund sollen anscheinend dem Empfänger der Botschaft einen ersten Eindruck von den technischen Errungenschaften dieser Zivilisation vermitteln. Sprachwissenschaftler und

Mathematiker versuchen inzwischen die vier Reihen von Symbolen am unteren Bildrand zu entschlüsseln. Sämtliche verfügbaren großen Radioteleskope sind auf die Koordinaten des Sterns ausgerichtet und die Empfangsanlagen auf die Sendefrequenz eingestellt. Sobald neue Signale eintreffen, werden wir Sie in unseren Nachrichten oder in Sondersendungen informieren.«

In ähnlicher Weise könnte sich die erste Kontaktaufnahme zwischen uns Erdbewohnern und einer anderen Zivilisation des Universums abspielen. Im Jahr 1967 glaubten englische Radioastronomen in Cambridge für einige Zeit, erste künstliche Signale aus dem Weltall empfangen zu haben. Von einer ganz bestimmten Himmelsstelle wurden sehr rasche rhythmische Impulse mit einer Frequenz von genau 1,337301 Sekunden ausgesendet. Nachdem man jedoch innerhalb der nächsten Wochen weitere derartige »Pulsare« entdeckte, war es den Cambridger Radioastronomen klar, daß sie auf keine kosmische Botschaft, sondern auf bis dahin unbekannte physikalische Phänomene eines bestimmten Sterntyps gestoßen waren. Sie hatten mit ihrem Radioteleskop die ersten Neutronensterne aufgespürt. Inzwischen sind in einer ganzen Reihe von radioastronomischen Observatorien verschiedener Staaten ausgeklügelte Suchprogramme angelaufen, die es sich zum Ziel gesetzt haben, etwaige kosmische Nachrichten aufzufangen. Bevor wir jedoch auf die Möglichkeit einer interstellaren Nachrichtenverbindung oder gar von Raumflügen zwischen Zivilisationen verschiedener Planeten näher eingehen, müssen wir uns zunächst einen Überblick über die Wahrscheinlichkeit und die Häufigkeit von Lebensformen im Weltall verschaffen. Derartige Grundkenntnisse setzen uns anschließend in die Lage, selbst zu entscheiden, ob es überhaupt möglich ist, daß außerirdische Besucher, wie heute oftmals behauptet wird, vor Jahrtausenden Wissen und Zivilisation auf die Erde brachten.

Wie das Leben auf unserer Erde entstand

Stellt man die Frage nach extraterrestrischem Leben, so ist es unumgänglich, zunächst einen Blick auf die Evolution unseres irdischen Lebens zu werfen und dabei nach Naturgesetzen zu suchen, die für die Entwicklung von Leben im gesamten Weltall Gültigkeit besitzen könnten.

Unsere Erde entstand zusammen mit den übrigen Planeten vor etwas mehr als 4,5 Milliarden Jahren. Ihre an Ammoniak, Methan und Wasserdampf reiche Uratmosphäre ermöglichte die Bildung von Aminosäuren und anderen organischen Verbindungen. Vor etwa vier Milliarden Jahren war vermutlich die Entstehung von komplexen Molekülen wie Nukleinsäuren und Proteinen so weit fortgeschritten, daß erste Protobionten, Vorstufen einzelliger Lebewesen, auftraten. In 3,8 Milliarden Jahre alten Sedimentgesteinen lassen sich dann bereits erste einzellige Lebensformen nachweisen. Vor 500 Millionen Jahren, im Kambrium, existierten schon die meisten Tierstämme. 100 Millionen Jahre später, im Silur, entwickelten sich die ersten Wirbeltiere. Am Ende des Devon, das heißt vor 320 Millionen Jahren, begannen sie in Form von Amphibien das Festland zu betreten. Im Perm, vor 250 Millionen Jahren, begannen die Reptilien, die Erde zu dominieren. Aus dieser Wirbeltiergruppe entstanden schließlich vor 180 Millionen Jahren die Säugetiere und vor 150 Millionen Jahren im Jura die Vögel. In den letzten Jahrmillionen der Erdgeschichte vollzog sich dann die Evolution des Menschen.

Betrachten wir die Entwicklung des irdischen Lebens, so ist nicht zu übersehen, daß die Zeit einen wesentlichen Evolutionsfaktor darstellt. Mehr als drei Milliarden Jahre waren für die Entwicklung vom Einzeller bis zu menschlicher Intelligenz erforderlich. Ein weiteres Merkmal des Lebendigen ist seine hohe Anpassungsfähigkeit und sein offensichtliches Bestreben, jeden nur denkbaren Lebensraum zu erschließen. Insbesonders niedere Lebensformen vermögen sich an extrem ungünstige Lebensbedingungen anzupassen. In heißen Quellen mit einer Temperatur von 90° C gedeihen bestimmte Bakterienstämme. Pilz- und Bakteriensporen,

Dauerformen von Einzellern und Bärtierchen überstehen Temperaturen unter −200°C. Strahlenresistente Bakterien vertragen eine Strahlendosis, die 1000mal höher ist als die für tödlich gehaltene Dosis. Angesichts dieser Tatsachen erhebt sich die Frage, ob sich auf anderen Himmelskörpern unseres Sonnensystems ebenfalls Leben entwickeln konnte. Dank der von Astronomen und Weltraumsonden erzielten Ergebnisse läßt sich eine eindeutige Antwort geben.

Wie wahrscheinlich ist Leben in anderen Sternsystemen?

Unser Mond besitzt keine Atmosphäre. Seit mindestens drei Milliarden Jahren gibt es auf seiner Oberfläche kein Wasser. Da zudem die Temperaturen im Laufe eines Mondtages zwischen +120°C und −160°C schwanken, konnte auf ihm kein Leben entstehen. Und wie sieht es auf den Planeten aus?
Merkur, der sonnennächste Planet, ist ebenfalls atmosphärenlos. Bei Temperaturschwankungen zwischen +430°C und −180°C kam er für die Evolution von Leben nicht in Frage.
Venus, die in Größe und Masse unserer Erde sehr ähnelt, besitzt eine dichte Atmosphäre, die reich an Kohlendioxid ist. Da jedoch Wasserdampf nur in äußerst geringen Mengen vorkommt und die Oberflächentemperatur auf der Tag- und der Nachtseite rund 480°C beträgt, scheidet sie als Träger jeglicher Lebensformen aus.
Unser Nachbarplanet, der Mars, galt lange Zeit als aussichtsreicher Kandidat für außerirdisches Leben. Leider haben sich auch diese Hoffnungen weitgehend zerschlagen. Selbst in den günstigsten, äquatornahen Gegenden, die Mittagstemperaturen von +20°C erreichen, sinken die Nachttemperaturen auf −80°C ab. Bedenkt man außerdem den niedrigen Atmosphärendruck von etwa sieben Millibar am Marsboden, soviel wie in der Erdatmosphäre in 40 Kilometer Höhe, dann ist an die Existenz höherer Lebewesen nicht zu denken. Auch der Nachweis niederer Lebensformen gelang durch die beiden Viking-Landeapparate nicht.

Zwar zeigen die Bilder, die mehrere Marssonden zur Erde funkten, ausgetrocknete Flußtäler und Sedimentbildungen auf der Marsoberfläche. Es muß somit in der Frühgeschichte dieses Planeten Oberflächenwasser in größerem Umfang gegeben haben. Ob allerdings die wasserreiche Zeit des Mars sich über einen genügend langen Zeitraum erstreckte, um die Entwicklung einfacher Lebensformen wie etwa Bakterien zu erlauben, ist vorläufig noch ungewiß.

Die großen äußeren Planeten Jupiter und Saturn besitzen zwar Atmosphären, die Methan, Ammoniak und Wasserdampf enthalten und daher die Entstehung organischer Verbindungen erlauben könnten, jedoch sprechen sowohl der innere Aufbau dieser Planeten als auch ihr großer Abstand von der Sonne und damit die geringe Einstrahlung von Sonnenenergie gegen jede Form von Leben. Wir können daher heute mit Sicherheit sagen, daß unsere Erde der einzige Planet unseres Sonnensystems ist, auf dem sich höheres Leben entwickelt hat. Da wir aber gleichzeitig wissen, daß unsere Sonne nur eine unter rund 200 Milliarden Sonnen des Milchstraßensystems ist, erhebt sich die Frage nach Lebensmöglichkeiten in anderen Sonnensystemen. Wollen wir uns dieser Frage zuwenden, so müssen wir zunächst klären: 1. Sind die Naturgesetze, die eine Evolution auf unserer Erde bedingten, von allgemeiner Gültigkeit? 2. Besitzen andere Sonnen Planetensysteme? und 3. Wie hoch ist die Zahl bewohnbarer Planeten anzusetzen?

Zur Klärung des ersten Aspektes trugen die Versuche des amerikanischen Chemikers S. Miller im Jahre 1953 bei. Er sandte durch eine künstliche Uratmosphäre aus Methan, Ammoniak und Wasserdampf mehrere Tage lang elektrische Entladungen. Die anschließende Analyse ergab zur allgemeinen Überraschung, daß aus den einfachen anorganischen Verbindungen mehrere Aminosäuren, Harnstoff und andere organische Verbindungen entstanden waren. Verbesserte Experimente ähnlicher Art ließen eindeutig eine Tendenz erkennen: Bei Bedingungen, wie sie in der Anfangsphase unseres Planeten existierten, vollziehen sich jederzeit die ersten chemischen Schritte auf dem Wege zum Leben hin.

Radioastronomische Untersuchungen interstellarer Gaswolken wie etwa des Orionnebels zeigen, daß sogar in diesen extrem verdünnten Materieansammlungen bei Temperaturen unter −250°C recht komplexe organische Moleküle entstehen. Es ist ganz offensichtlich, daß die Zusammenlagerung von Atomen zu einfachen Molekülen bis hinauf zu polymeren Makromolekülen aufgrund von Naturgesetzen erfolgt, die allgemeine Gültigkeit besitzen. Wir dürfen daher auch auf Planeten anderer Sonnen eine Evolution erwarten. Doch gibt es überhaupt andere Planetensysteme? Diese Frage ist zu bejahen, da es gelang, bei mehreren Doppelsternsystemen nicht nur unsichtbare Begleiter nachzuweisen, sondern sogar deren ungefähre Masse zu berechnen. Sie beträgt das 1,5- bis sechsfache der Masse des Planeten Jupiter, das heißt, es handelt sich eindeutig um Himmelskörper von planetarer Beschaffenheit.

Das Vorhandensein von Planeten geeigneter Größe ist nicht die einzige Voraussetzung für die Evolution. Ein derartiger Planet muß darüber hinaus in der Lebenszone einer Sonne liegen, und diese Lebenszone muß wiederum für einen ausreichend langen Zeitraum − wahrscheinlich mehr als drei Milliarden Jahre − günstige Lebensbedingungen aufweisen. Berücksichtigt man diese Voraussetzungen, dann zeigt es sich, daß vermutlich nur *Hauptreihensterne* vom gleichen Typ wie unsere Sonne, also *G-Sterne*, in Frage kommen. Sie müssen sogar annähernd die gleiche Masse wie unsere Sonne aufweisen. Beträgt die Masse weniger als 0,8 Sonnenmassen, dann wird die Lebenszone um diesen Stern so eng, daß kaum mit einem Planeten geeigneter Größe in dieser Lebenszone gerechnet werden kann. Ist die Masse dagegen größer als 1,2 Sonnenmassen, so verläuft die Sternentwicklung zu rasch, das heißt, die Sonne entwickelt sich zu einem *Roten Riesen*, noch ehe die Evolution intelligente Lebewesen hervorbringen konnte. Außerdem dürfte die zu intensive UV-Strahlung des Zentralgestirns die Entwicklung von Landlebewesen auf dem betreffenden Planeten verhindern. Trotz dieser Einschränkungen erfüllen etwa zehn Prozent der 200 Milliarden Sonnen unserer *Galaxie* die gestellten Bedingungen. Vorsichtshalber sollte die Hälfte hiervon

allerdings aus einem anderen Grunde wieder ausgeschieden werden: Doppel- und Mehrfachsterne können etwaigen Planeten keine Lebenszone mit konstant günstigen Bedingungen bieten.
Billigte man jeder dieser Sonnen nur einen bewohnbaren Planeten zu, dann gäbe es in unserer Galaxie mehrere Milliarden Planeten, auf denen eine Evolution einsetzen könnte. Kritische Abschätzungen der wahrscheinlichen Entfernung zwischen zwei Planetensystemen mit intelligentem Leben ergaben, daß in einem Umkreis von 30 *Lichtjahren*, also in einem Raum, in dem sich annähernd 400 Sonnen befinden, bestenfalls mit ein oder zwei bewohnten Planeten zu rechnen ist. Im Umkreis von 100 Lichtjahren erhöht sich die Zahl auf maximal 50 Planeten.

Das Energieproblem bei interstellaren Raumflügen

Wollen zwei derartige Planeten miteinander in Kontakt treten, so genügt die Bedingung »Intelligenz« als Voraussetzung nicht. Beide Planeten müssen vielmehr eine technisch hochstehende Zivilisation beherbergen, mindestens von der Art, wie sie unsere Erde seit wenigen Jahrzehnten trägt. Da die Technik beherrschende Zivilisationen erst Jahrmillionen nach dem ersten Auftreten von Intelligenz zu erwarten ist, dürften sie in unserem Milchstraßensystem relativ selten zum gleichen Zeitpunkt anzutreffen sein.
Der Abstand zur nächsten gleich hoch entwickelten Zivilisation beträgt folglich möglicherweise 800 bis 1000 Lichtjahre. Sucht man nach Kontaktmöglichkeiten mit einer anderen Zivilisation, so liegt im Zeitalter der Raumfahrt zunächst der Gedanke an Raumflüge zu anderen Sonnensystemen auf der Hand. Mit herkömmlichen chemischen Raketentriebwerken sind interstellare Raumflüge allerdings nicht ausführbar. Sowohl die Flugzeiten als auch das Verhältnis von Nutzlast zu Treibstoff wäre viel zu ungünstig. Atomar angetriebene Raumschiffe ließen sich in einigen Jahrzehnten bauen. In einer Forschungsstudie der 70er Jahre, dem sogenannten Projekt Daedalus, wurden die Möglichkeiten eines Fluges

zu Barnards Pfeilstern durchgerechnet. Bei einer Nutzlast von 500 Tonnen beträgt die Leermasse des Raumschiffes 69 000 Tonnen. Hinzu kommen 150 000 Tonnen Antriebsmittel, bestehend aus Wasserstoffbomben von nur einigen Zentimetern Größe. Während des Fluges wird fünf Jahre lang eine Wasserstoffbombe nach der anderen in einiger Entfernung vom Raumschiff gezündet. Die Explosionsenergie der hinter dem Raumschiff gezündeten Bomben erhöht dessen Geschwindigkeit allmählich auf 50 000 Kilometer pro Sekunde. Nach einem antriebslosen Flug von weiteren 35 Jahren wird der sechs Lichtjahre entfernte Stern erreicht. Das Ergebnis, ein einfacher Vorbeiflug ohne Abbremsmöglichkeit, steht leider in keinem Verhältnis zum technischen und finanziellen Aufwand. Um annehmbare Flugzeiten bei interstellaren Flügen zu erreichen, wären Flüge mit nahezu Lichtgeschwindigkeit erforderlich. In diesem Falle würde sich die Zeitdilatation bemerkbar machen, das heißt, die Zeit verliefe für die Raumschiffbesatzung wesentlich langsamer als für die zurückgebliebenen Erdbewohner. Mit sogenannten Photonenraketen oder mit Kernfusionstriebwerken ließen sich im Prinzip ausreichend hohe Geschwindigkeiten erreichen.

Leider wächst dabei das Energieproblem ins Unermeßliche. Um zehn Tonnen Nutzlast 98 Prozent der Lichtgeschwindigkeit als Reisegeschwindigkeit zu verleihen, wäre bei einer Photonenrakete eine Leistung von 600 Millionen Megawatt (oder von vier Millionen Kraftwerken herkömmlicher Bauart) erforderlich. Bei einem Kernfusionsantrieb wären 16 Milliarden Tonnen Wasserstoff mit auf die Reise zu nehmen! Mit interstellaren Flügen läßt sich, wie wir sehen, das Problem einer Kontaktaufnahme zwischen galaktischen Zivilisationen nicht lösen.

Die Alternative heißt kosmischer Funkverkehr

Seit etwa 30 Jahren ist unser Planet auf dem Wege, sich eine alternative Möglichkeit zu erschließen: die gerichtete Ausstrahlung elektromagnetischer Wellen. Unsere Erdatmosphäre besitzt neben der Durchlässigkeit für Lichtstrahlen auch ein »Fenster« für kurzwellige Radiostrahlung. Mit dem derzeit größten Radioteleskop, der Arecibo-Antenne auf Puerto Rico, das den beachtlichen Durchmesser von 300 Metern aufweist (Abb. 33, s. Bildteil), lassen sich in Verbindung mit einem 500-Kilowatt-Sender Funksignale bis in eine Entfernung von etwa 100 Lichtjahren senden, wenn auf der Empfängerseite Anlagen mit der gleichen Leistungsfähigkeit zum Einsatz kommen.

Baut man ein aus 200 Einzelteleskopen mit je 50 Meter Durchmesser zusammengesetztes Teleskop und stattet jedes Einzelteleskop mit einem Fünf-Megawatt-Verstärker aus, so erhält man ein Syntheseteleskop mit 1000 Megawatt Sendeleistung. Seine Reichweite beträgt bei gleichwertigen Empfangsanlagen bis zu 80 000 Lichtjahren – mit einem derartigen Teleskop wären Funkkontakte im Bereich des gesamten Milchstraßensystems herstellbar. Bei einem Kostenaufwand von etwas mehr als einer Milliarde Mark (das gesamte Apollo-Mondflugprogramm verschlang den 60fachen Betrag!) wäre der Bau einer derartigen Instrumentenanlage schon heute realisierbar. Das amerikanische Projekt Cyclops sieht bei einem geschätzten Kostenaufwand von 14 Milliarden Mark ein Syntheseteleskop aus 1000 Einzelteleskopen von je 100 Meter Durchmesser vor (Abb. 34, s. Bildteil). Mit derartigen Radioteleskopen ließen sich die Entfernungen zwischen technischen Zivilisationen überbrücken, vorausgesetzt, daß die Sende- und Empfangsantennen genau aufeinander ausgerichtet sind. Eine exakte Antennenausrichtung ist die unabdingbare Voraussetzung für jeglichen interstellaren Funkverkehr. Denn für eine ungebündelte Rundumstrahlung wäre die erforderliche Sendeenergie nicht aufzubringen. Um 100 Lichtjahre durch Rundstrahlung zu überbrücken, benötigte man eine Endstufenleistung von 12,5 Terrawatt, das entspräche einer Eingangsleistung von 50 Terrawatt, einem Vielfachen der heutigen elektrischen Leistung der gesamten Erde!

Ein weiteres Problem im Hinblick auf kosmische Funkkontakte liegt bei der Frequenzwahl. Aus den vorhandenen Störstrahlungen ergibt sich ein geeigneter Frequenzbereich zwischen etwa ein und zehn *Gigahertz* mit einer Wellenlänge zwischen 30 und drei Zentimetern. Außerhalb dieses Frequenzbandes stört auf der einen Seite die *galaktische Rauschstrahlung* und auf der anderen das atmosphärische Rauschen, bedingt durch den Wasserdampfgehalt der Erdatmosphäre. Da vermutlich andere Zivilisationen durch die gleichen Störeffekte eine Einengung des Frequenzbereiches in Kauf nehmen müssen, bieten nur Sendeversuche innerhalb des Frequenzbandes von ein bis zehn Gigahertz gute Chancen für das Zustandekommen kosmischer Funkkontakte.

Für Übertragungen von Informationen an eine unbekannte Zivilisation eignen sich wahrscheinlich am ehesten zweidimensionale Bilder. Die von dem Radioastronomen Frank Drake entworfenen und Fernsehbildern vergleichbaren Piktogramme zeigen einen gangbaren Weg auf: Mit bereits 1271 Informationseinheiten, sogenannten bits, lassen sich wesentliche Informationen über unseren Planeten bildmäßig senden. Da 1271 das Produkt aus den Primzahlen 31 und 41 darstellt, ist zu hoffen, daß ein Empfänger bei seinen Versuchen, die Botschaft zu entschlüsseln, diesen mathematischen Sachverhalt erkennt und unter anderem auch die Informationseinheiten zu einem zweidimensionalen Bild aus 31 Zeilen mit je 41 Bildpunkten bzw. 41 Zeilen mit je 31 Bildpunkten anordnet. Bei richtiger Anordnung wird der Informationsgehalt erkennbar (Abb. 35).

Erste Versuche einer Kontaktaufnahme

1974 hat Drake ein derartiges Piktogramm, bestehend aus 1679 Informationseinheiten (Abb. 36, s. übernächste Seite) mit der Arecibo-Antenne innerhalb von 169 Sekunden bei einer Sendefrequenz von 2380 MHz in Richtung auf den Kugelsternhaufen M 13 abgestrahlt. Dieser Kugelsternhaufen, der etwa 300 000 Sterne umfaßt, liegt in 24 000 Lichtjahren Entfernung. Da Radiowellen sich mit Lichtgeschwindigkeit ausbreiten, könnte eine etwaige Zivilisation in dem Kugelsternhaufen diese Botschaft nach 24 000 Jahren empfangen. Vorausgesetzt, sie hat zu diesem Zeitpunkt

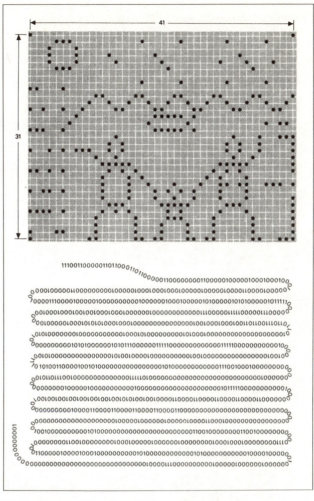

Abb. 35: Ein Piktogramm zur kosmischen Bildübertragung
Bereits mit 1271 Informationseinheiten ließen sich Bilder per Funk ins Weltall
senden. (Breuer, R.: Kontakt zu den Sternen)

eine äußerst leistungsfähige Empfangsantenne auf unser Sonnensystem ausgerichtet und zudem noch die benutzte Wellen-

Die Arecibo-Nachricht von 1974 in drei Zuständen

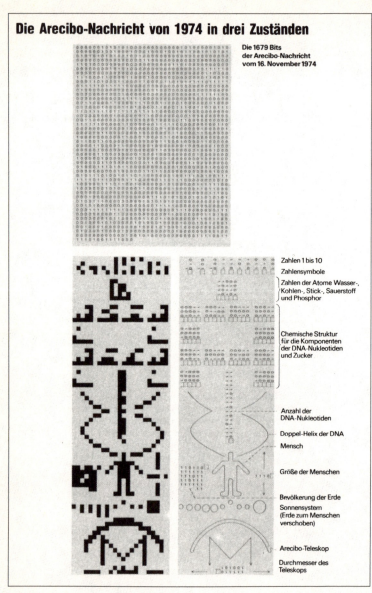

**Die 1679 Bits
der Arecibo-Nachricht
vom 16. November 1974**

Zahlen 1 bis 10

Zahlensymbole

Zahlen der Atome Wasser-,
Kohlen-, Stick-, Sauerstoff
und Phosphor

Chemische Struktur
für die Komponenten
der DNA-Nukleotiden
und Zucker

Anzahl der
DNA-Nukleotiden

Doppel-Helix der DNA

Mensch

Größe der Menschen

Bevölkerung der Erde

Sonnensystem
(Erde zum Menschen
verschoben)

Arecibo-Teleskop

Durchmesser des
Teleskops

*Abb. 36: Die Arecibo-Botschaft
(Breuer, R.: Auf der Suche nach Leben im All)*

länge von 12,6 Zentimetern eingestellt. Nochmals 24 000 Jahre später könnten dann Erdbewohner eine Antwort erhalten.

Im Jahr 1960 versuchte Drake zum erstenmal im Rahmen des Projekts Ozma künstliche Radiosignale einer anderen Zivilisation aufzufangen. Mit einer Parobolantenne von 28 Meter Durchmesser in Green Bank peilte er für einige Monate den Stern ε Eridani in 10,8 Lichtjahren Entfernung und den 12,2 Lichtjahre entfernten Stern τ Ceti an. Die Suchfrequenz betrug 1420 MHz, die Frequenz der *21-cm-Wasserstofflinie*. Drake hoffte, daß etwaige fremde Zivilisationen sich bei Funksignalen der Wasserstofffrequenz bedienen, da Radioastronomen diese Wasserstofflinie häufiger beobachten und somit die Wahrscheinlichkeit, Signale auf dieser Frequenz zu entdecken, am höchsten ist. Es ist nicht verwunderlich, daß bei der geringen Antennenleistung und der begrenzten Suchzeit ein Erfolg ausblieb. Inzwischen sind, wie die Tabelle auf der folgenden Seite zeigt, mit wesentlich größeren Radioteleskopen neue Empfangsversuche unternommen worden.

Sogar andere Galaxien wie etwa der *Andromedanebel* wurden inzwischen in das Suchprogramm einbezogen, da nicht auszuschließen ist, daß eine uns technisch weit überlegene »Superzivilisation« in einer Nachbargalaxie Möglichkeiten entwickelt hat, sogar Entfernungen von Millionen Lichtjahren mit Funksignalen zu überbrücken. Am aussichtsreichsten dürfte das 1978 angelaufene Suchprogramm des Jet Propulsion Laboratory sein, in dessen Verlauf über einen Zeitraum von fünf Jahren 80 Prozent des Himmels auf dem Frequenzband von ein bis 25 Gigahertz abgehört werden sollten und das weiter fortgesetzt wird. Die verwendeten Vielkanal-Frequenzanalysatoren erlauben die gleichzeitige Auswertung von maximal einer Milliarde schmalbandiger Frequenzausschnitte. Trotz dieses technischen Aufwandes wäre das Auffangen einer kosmischen Botschaft als ausgesprochener Glücksfall anzusehen, da es sehr unwahrscheinlich ist, daß in dem kurzen Zeitraum, in dem die Antenne auf einen bestimmten Stern eingestellt bleibt, gerade eine Botschaft seines Planetensystems bei uns eintrifft. Es wäre sinnvoll, die Suche nach interstellaren Kontaktmöglichkeiten nicht auf den Radiobereich zu beschrän-

Observatorium oder Institut	Zeit-raum	Frequenz oder Wellenlänge	Untersuchte Objekte
NRAO Green Bank	1960	1420 MHz	ε Eridani und τ Ceti
Universität Gorki	1968	21 u. 30 cm	12 sonnenähnliche Nachbarsterne
NRAO Green Bank	1972	1420 MHz	10 Nachbarsterne
Universität Gorki	seit 1972	16, 30 u. 50 cm	Gepulste Signale vom Gesamthimmel
NRAO Green Bank	seit 1972	1420 MHz	600 sonnenähnliche Nachbarsterne (bis 75 Lichtjahre Entfernung)
Eurasisches Beob-achtungsnetz ICR	seit 1972	verschiedene Frequenzen	Gepulste Signale vom Gesamthimmel
Ohio State University	seit 1973	1420 MHz	Gesamthimmel
Algonquin Radio Observatory	seit 1974	22,2 GHz	verschiedene Nachbarsterne
OAO 3-Satellit	seit 1974	UV-Strah-lung	ε Eridani, τ Ceti und ε Indi
Arecibo, Puerto Rico	seit 1975	1420, 1653 u. 2380 MHz	verschiedene Nachbargalaxien
Jet Propulsion Laboratory, Pasadena	seit 1978	1 bis 25 GHz	80% des Gesamthimmels und Einzelsterne bis 1000 Lichtjahre Entfernung

ken. Auf jeden Fall dürften wir Planetenbewohner in der rund 200 Milliarden Sonnen umfassenden Galaxie keine Einzelerscheinung sein. Unser Problem besteht leider darin, daß wir nicht wissen, an welcher Stelle der Galaxie sich unsere möglichen Partner befinden und auf welchem Wege, wenn überhaupt, sie Kontakte suchen. Ob wir dieses Problem lösen können, werden vielleicht die nächsten Jahrzehnte zeigen.

Die Astronauten-Götter

Eines können wir mit Sicherheit sagen: Besuche außerirdischer Raumschiffe auf unserer Erde sind äußerst unwahrscheinlich. Wie wir wissen, ist die Erde der einzige bewohnte Planet unseres Sonnensystems. Gegen Reisen aus anderen Sonnensystemen spricht einmal das bei hohen Fluggeschwindigkeiten auftretende Energieproblem, zum anderen die Tatsache, daß Reisezeiten von Jahrzehnten bis zu Jahrhunderten nicht gerade zu Raumflügen einladen. Zwar finden wir in der Mythologie eine Reihe von Berichten, die von Göttern außerirdischer Herkunft erzählen, ein Blick in die Geschichte zeigt uns jedoch, daß diese Götter sehr irdischer Abstammung sein dürften. Mehr als einmal werden Vertreter hochentwickelter Kulturen von Volksstämmen mit niedrigerem Entwicklungsstand bei ihrem Erscheinen als Götter begrüßt und verehrt. Ein bekanntes Beispiel sind die Ureinwohner Lateinamerikas, deren Legenden von einem frühen Besuch und der zu erwartenden Rückkehr weißer Götter erzählten. Es wurde den Indios zum Verhängnis, daß sie die Spanier für die zurückgekehrten Götter hielten und ihnen daher, statt Widerstand zu leisten, Ehrerbietung entgegenbrachten. Erst 1971 entdeckte eine Expedition auf den Philippinen den in völliger Abgeschiedenheit lebenden Stamm der Tasaday, der sie offensichtlich erwartete. Diese Eingeborenen sahen in dem Expeditionsbesuch die Erfüllung der alten Stammeslegenden, die ihnen eine Wiederkehr der weißen Götter versprachen.
Gelegentlich behaupten jene Götterlegenden sogar, daß es zu

einer Vermischung zwischen Göttern und Menschen gekommen sei. So lesen wir beispielsweise im 6. Kapitel der Genesis des Alten Testaments:

»Da sahen die Kinder Gottes nach den Töchtern der Menschen, wie sie schön waren und nahmen zu Weibern, welche sie wollten ... und zeugeten ihnen Kinder.«

Ähnliches berichten auch die Legenden der Sumerer. Bei ihnen waren es die Anunnaki, die vom Planeten Marduk kamen und von den Töchtern der Menschen Nachkommen erhielten.

Unabhängig von der geringen Wahrscheinlichkeit außerirdischer Besuche sollten wir uns fragen, ob die Beschaffenheit dieser Extraterrestrier überhaupt eine derartige Liaison erlaubt.

Seltsame Amphibienwesen

Schon wenn es um die Körpergestalt Außerirdischer geht, sind der Phantasie keine Grenzen gesetzt. Der Evolutionsprozeß auf unserer Erde hat eine derartige Variabilität gezeigt und eine geradezu verblüffende Formenvielfalt produziert, daß wir bei andersartigen Lebensbedingungen auf einem fremden Planeten mit stark abweichenden Evolutionsergebnissen rechnen müssen. Ein Planet, dessen Oberfläche nahezu vollständig mit Wasser bedeckt ist, könnte möglicherweise auch im Lebensraum Wasser hochintelligente Lebensformen hervorgebracht haben. Vergessen wir nicht, welch beredtes Zeugnis beispielsweise auf unserer Erde die Delphine von der geistigen Leistungsfähigkeit wasserbewohnender Wesen ablegen. Wendet man sich den Mythen alter Kulturvölker zu, dann scheint es im ersten Augenblick so, als hätte die Erde vor Jahrtausenden Besuch solcher »Wasserplanetarier« erhalten. Die Babylonier erwähnen Oannes, ein amphibisches Wesen (Abb. 37), das aus dem Erythräischen Meer (heute das Rote Meer genannt) auftauchte und tagsüber die Menschen in Wissenschaft und Künsten unterwies. Nachts zog es sich dann wieder ins Meer zurück. Bei den Dogon sind es die Nommos (Abb. 38) – ebenfalls amphibienartige Wesen –, die von einem Sirius-Planeten kamen und als »Unterweiser« oder »Mahner« ihr Wissen vermittelten.

116

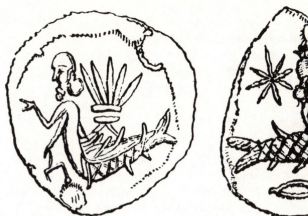

Abb. 37: Der Kulturbringer Oannes auf babylonischen Gemmen
Legenden der Babylonier berichten von einem amphibienartigen Wesen, das ihnen die Kultur gebracht haben soll. Die beiden babylonischen Gemmen zeigen Darstellungen dieses fischschwänzigen Wesens. (Temple, R.: Das Sirius-Rätsel)

Abb. 38: Ein Nommo aus dem Sirius-System (Temple, R.: Das Sirius-Rätsel)

Selbst wenn wir davon ausgehen, daß der Intelligenzentwicklung von amphibischen Lebensformen die gleichen Möglichkeiten offenstehen wie reinen Landbewohnern, dann ist schwer vorstellbar, wie sie in ihrem feuchten Lebenselement technische Höchstleistungen wie den Bau von Raumschiffen hätten bewerkstelligen sollen, wie überhaupt ihr Interesse für den Weltraum erwacht sein sollte.

Wir müssen daher davon ausgehen, daß es sich auch hier um mythologisches Gedankengut handelt, in dem sich Ahnungen vom Ablauf der Evolution widerspiegeln, von einer Entwicklung, die bei den Fischen ihren Ausgang nahm und über Amphibien und Reptilien im Laufe von Jahrmillionen zu den Vögeln und Säugetieren führte.

Kohlenstoff kontra Silizium

In mancher Hinsicht könnten extraterrestrische Wesen und Menschen recht ähnlich sein. So dürfen wir bei ihnen sicher aufrechten Gang, Extremitäten zum Gebrauch von Werkzeugen, doppelt angelegte Hör- und Lichtsinnesorgane zwecks räumlichen Erfassens der Umwelt sowie die Fähigkeit zur Erzeugung akustischer Signale erwarten. Auch bezüglich des Stoffwechsels sind Ähnlichkeiten zu vermuten. Außer Kohlenstoff, der die Basis jeglicher organischen Verbindung darstellt, gibt es nur noch ein chemisches Element, das gleichfalls zur Kettenbildung und damit zur Schaffung von Makromolekülen neigt. Es ist das Element Silizium. Berechnungen zeigten jedoch, daß der Energiestoffwechsel bei Riesenmolekülen auf Siliziumbasis wesentlich ungünstiger abläuft als bei Zugrundelegung von Kohlenstoff. Lebewesen, die vergleichbare körperliche und geistige Leistungen wie wir vollbringen wollen, sind daher im wesentlichen auf entsprechende chemische Verbindungen und Reaktionen angewiesen. Sogar die Weitergabe von Erbinformationen dürfte den gleichen Gesetzmäßigkeiten gehorchen, die bei irdischen Lebewesen gelten, das heißt, wir haben mit Genen auf der Grundlage der *Desoxyribonuklein-*

säure zu rechnen. Kann es dann bei der zu erwartenden Ähnlichkeit überhaupt Fortpflanzungsprobleme geben? Leider gibt es sie, wie wir aus irdischer Erfahrung wissen. Sie bestehen in einer genetischen Barriere, die eine Vermischung von ähnlichen Arten erschwert. Ein Beispiel aus dem Tierreich mag uns dies veranschaulichen. Nahe verwandte Tierarten, wie etwa Pferd und Esel, lassen sich kreuzen. Je nach Geschlechtsverteilung der Ausgangsarten entstehen als Kreuzungsprodukt Maultier oder Maulesel. Beide Mischformen sind jedoch untereinander nicht fortpflanzungsfähig, da in beiden Fällen die Hengste unfruchtbar sind. Aus einer Verbindung zwischen Menschen und höheren außerirdischen Wesen dürfen wir daher wegen der vermutlich noch größeren genetischen Unterschiede keine Nachkommenschaft erwarten. Dies bedeutet aber, daß jene Berichte von »Halbgöttern« entweder als Mythen zu werten sind oder aber einen Hinweis auf Kontakte mit alten irdischen Hochkulturen geben.

Antigene, eine Gefahr für erdfremde Astronauten

Einem Problem müssen wir schließlich noch besonderes Augenmerk schenken, dem der Antigene. Betrachtet man die Evolution des Lebens auf unserer Erde, so läßt sich neben der Entstehung ständig neuer Arten eine Suche der neu entstandenen Arten nach geeigneten Lebensräumen beobachten. Ist ein Lebensraum durch eine zu große Artenfülle übersetzt, so weichen einzelne Tier- oder Pflanzenarten in ökologische Nischen aus. Für zahlreiche Bakterien- und Pilzarten sowie Viren stellen seit Jahrmillionen andere Lebewesen diese Nischen dar. Die betroffenen Lebewesen versuchen ihrerseits durch ein raffiniertes Immunsystem der Gefährdung Herr zu werden. Antikörper der verschiedensten Art wurden im Laufe der Zeit als Abwehrwaffen entwickelt. Dort, wo diese versagten, beispielsweise bei tödlich verlaufenden Infektionskrankheiten, lernte der Mensch, sich durch die Entwicklung geeigneter Impfstoffe zu helfen. Gefährlich allerdings wird es, wenn unbekannte Antigene hoher Toxität in den Wirtsorganismus eindringen, Antigene, die beispielsweise durch Mutationen entstanden sind. Ein bekanntes Beispiel bilden die Grippeviren. Sobald ein neuer Virustyp auftaucht, versagen die gegen die bisherigen Stämme entwickelten Impfseren. Etwaige Besucher der Erde sähen sich nun bei einem längeren Aufenthalt einem regelrechten Ansturm ungewohnter Antigene ausgesetzt. Ob ihre Immunabwehr dieser Fülle unbekannter Mikroben gewachsen wäre, scheint höchst fraglich. Wie ernst das Problem fremdartiger Antigene zu nehmen ist, zeigt besonders anschaulich das Beispiel der Mondastronauten. Nach jedem der ersten Mondflüge wurden die amerikanischen Astronauten einer fast dreiwöchigen strengen Quarantäne unterzogen. Erst bei den letzten Flügen, als eindeutig nachgewiesen war, daß der Mond völlig keimfrei war, wurden diese scharfen Sicherheitsvorkehrungen aufgegeben.

Wir ziehen Bilanz

Zusammenfassend können wir feststellen, daß bemannte interstellare Raumflüge mit unvermeidlichen Reisezeiten von Jahrzehnten bis Jahrhunderten nicht zu erwarten sind. Selbst eine Zivilisation, die uns in ihrem technischen Entwicklungsstand um Jahrhunderte voraus wäre, würde mit Sicherheit derartig aufwendige Unternehmen erst dann durchzuführen versuchen, wenn vorher auf anderem Wege, zum Beispiel mittels elektromagnetischer Wellen, ein Kontakt hergestellt wäre. Wegen der bestehenden Gefahren werden Astronauten kaum einen längeren Aufenthalt auf einem fremden Planeten riskieren, nur um einer weniger weit fortgeschrittenen Zivilisation Nachhilfestunden in Mathematik, Astronomie, Pflanzenzüchtung und anderen Wissenschaftsbereichen zu erteilen. Dies bedeutet aber, daß ein extraterrestrischer Ursprung der bislang besprochenen naturwissenschaftlichen Hochleistungen ausscheidet. Es bleibt daher nur die Alternative einer sehr frühen irdischen Hochkultur.

Angesichts immer neuer Spuren, die auf die Existenz einer solchen Zivilisation hinweisen, stellt sich uns die Frage, in welcher Region der Erde sie beheimatet war. Wo lag eigentlich der Sitz der Antiliden?

VI

Auf der Suche
nach der Heimat

Das legendäre Atlantis des Platon

Halten wir Ausschau nach dem geographischen Lageplatz der ersten sehr alten Hochkultur, dann sollten wir zunächst einen Blick auf den Bericht werfen, der eine Jahrhunderte dauernde Atlantisforschung auslöste. Es war dies eine Erzählung des griechischen Philosophen Platon, die um 355 v.Chr. erschien. In seinen Dialogen Timaios und Kritias berichtet Platon über Lage, Größe und Beschaffenheit eines Großreiches, das er Atlantis nennt. Dabei gibt er den berühmten Athener Staatsmann Solon als seinen Gewährsmann an. Solon soll bei seinem Besuch Ägyptens um 590 v.Chr. durch Priester in Sais die Atlantis-Sage erfahren haben. Wegen ihrer grundlegenden Bedeutung wollen wir wesentliche Teile aus Platons Darlegungen betrachten. Sehen wir zuerst, wie Platon die Lage von Atlantis beschreibt:

»Die Aufzeichnungen berichten nämlich, wie eure Stadt einst einer gewaltigen Macht das Ende bereitet hat, als diese vom Atlantischen Meer aufgebrochen war und in ihrem Übermut gegen ganz Europa und Asien zugleich heranzog. Damals konnte man nämlich das Meer dort noch befahren; denn vor der Mündung, die ihr in eurer Sprache die Säulen des Herakles nennt, lag eine Insel, und diese Insel war größer als Libyen und Kleinasien zusammen. Von ihr gab es für die Reisenden damals einen Zugang zu den anderen Inseln, und von diesen auf das ganze Festland gegenüber rings um jenes Meer, das man wahrhaft so bezeichnen darf. Denn alles, was innerhalb der erwähnten Mündung liegt, erscheint wie eine Hafenbucht mit einer engen Einfahrt; jenes aber kann man wohl wirklich als ein Meer und das darum herum liegende Land in

Tat und Wahrheit und in vollem Sinne des Wortes als ein Festland bezeichnen.

Auf dieser Insel Atlantis nun gab es eine große und bewundernswerte Königsherrschaft, die sowohl über die ganze Insel als auch über viele andere Inseln und über Teile des Festlandes ihre Macht ausübte; zudem regierten diese Könige auf der gegen uns liegenden Seite über Libyen, bis gegen Ägypten hin und über Europa bis nach Tyrrhenien.«

Mit den Säulen des Herakles ist die Meerenge von Gibraltar gemeint. Die Großinsel Atlantis lag demnach weit außerhalb des Mittelmeeres im Atlantik. Unabhängig davon, welche Bedeutung man Platons Erzählung beimißt, ist sie ein Beweis dafür, daß um 600 v. Chr. die Ägypter und Griechen offensichtlich die Größenrelation zwischen Mittelmeer und Atlantischem Ozean sowie die Ostküsten Amerikas genau kannten. Dies bedeutet unter anderem, obwohl auch heute noch oftmals bestritten, daß Amerika mit Sicherheit mehr als 2000 Jahre vor Kolumbus entdeckt worden war.

Über den Untergang von Atlantis 9000 Jahre vor Solon berichtet Platon an zwei Stellen:

»In der darauffolgenden Zeit aber gab es gewaltige Erdbeben und Überschwemmungen; es kam ein schlimmer Tag und eine schlimme Nacht, da eure ganze Streitmacht mit einem Male in der Erde versank, und ebenso versank auch die Insel Atlantis ins Meer und verschwand darin. Deswegen kann man noch heute das Meer dort weder befahren noch erforschen, weil in ganz geringer Tiefe der Schlamm im Wege liegt, den die Insel, als sie sich senkte, zurückgelassen hat...

Vor allem wollen wir zuerst daran erinnern, daß es im ganzen neuntausend Jahre her sind, seitdem, wie man erzählt hat, der Krieg entstanden ist zwischen den Menschen, die außerhalb der Säulen des Herakles, und allen denen, die innerhalb von ihnen wohnten.«

Aus der ausführlichen Beschreibung des Platon über Aussehen und Beschaffenheit von Atlantis sollen hier nur markante Stellen wiedergegeben werden:

»Am Meere, etwa in der Mitte der ganzen Insel, lag eine Ebene; man sagt, sie sei die schönste aller Ebenen gewesen und von reichlicher Fruchtbarkeit. Am Rande dieser Ebene, etwa fünfzig Stadien gegen das Innere der Insel zu, erhob sich ein durchweg niedriges Gebirge. Dort oben hatte sich einer der Menschen angesiedelt, die zu Anbeginn in jener Gegend aus der Erde entstanden waren. Er hieß Euenor und wohnte zusammen mit seinem Weibe Leukippe; die beiden hatten eine einzige Tochter namens Kleito. Als das Mädchen eben in das mannbare Alter gekommen war, starben ihr Mutter und Vater; Poseidon (dem nach Platon bei der Verteilung der Erde unter die Götter Atlantis zugefallen war) aber gewann sie lieb und vereinigte sich mit ihr. Und er machte die Anhöhe, wo sie wohnte, zu einem wohlbewehrten Platz, indem er sie rundherum abbrach und Ringe darumzog, abwechselnd von Wasser und von Land, zuerst kleiner und dann immer größere...

Und was für ihn als Gott ja eine Leichtigkeit war: er stattete die Insel, die da in der Mitte lag, aufs schönste aus, indem er zwei Quellwasser aus der Erde aufsprudeln ließ, von denen das eine warm, das andere kalt aus seinem Brunnen floß, und indem er aus dem Boden mannigfache und ausreichende Nahrung hervorgab. An Nachkommen männlichen Geschlechtes erzeugte er fünf Zwillingspaare und zog sie auf. Und er teilte die ganze Insel Atlantis in zehn Stücke und gab dem Älteren des ersten Zwillingspaares das mütterliche Haus mit seinem Umschwung als Anteil; das war das größte und beste Stück. Auch setzte er ihn zum König über die anderen ein; diese machte er zu Statthaltern und gab einem jeden die Herrschaft über viele Menschen und über ein weites Landgebiet. Ihnen allen gab er Namen; dem ältesten und Könige aber jenen, von dem denn auch die ganze Insel und das Meer seine Bezeichnung hat; es wurde nämlich das atlantische genannt, weil der erste, der damals als König regierte, Atlas hieß...

...das meiste indes zum Lebensunterhalt lieferte die Insel selbst. Zuerst alles, was im Bergbau an harten und geschmolzenen Metallen geschürft wird, auch das, wovon wir heute nur noch den Namen kennen, das aber damals mehr als nur ein Name war, nämlich das Goldkupfererz, das man an vielen Orten der Insel schürfte und das nächst dem Golde unter den Menschen jener Zeit am höchsten geschätzt wurde. Und ferner, was der Wald den Zimmerleuten für ihre Arbeit liefert, das brachte die Insel in reichlichem Maße hervor, und im weiteren ernährte sie ausreichend zahme und wilde Tiere…

Und die Bewohner nahmen das alles von der Erde in Empfang und bauten Heiligtümer und königliche Paläste, Häfen und Schiffswerften und verschönten das ganze übrige Land, wobei sie in folgender Ordnung vorgingen:

Zunächst überbrückten sie die Wasserringe um die alte Mutterstadt herum und bahnten damit einen Weg nach außen und zurück zum Königspalast…

Sie gruben vom Meere aus einen Durchstich von drei *Plethren* in der Breite, hundert *Fuß* in der Tiefe und fünfzig *Stadien* in der Länge bis zum äußersten Ring und bahnten auf diesem Wege aus dem Meer zu ihm eine Einfahrt wie zu einem Hafen, wobei sie die Einmündung weit genug öffneten, daß auch die größten Schiffe einlaufen konnten. Darauf durchbrachen sie aber auch die Gürtel aus Erde, welche die Wasserringe voneinander trennten, auf der Höhe der Brücken, und zwar so weit, daß eine einzelne Triere von einem Wasserring in den anderen hindurchfahren konnte, und überdachten den Durchgang, so daß die Durchfahrt unter Dach verlief; die obere Randhöhe der Erdgürtel stand nämlich genügend hoch über dem Meeresspiegel…

Und die Mauer, die um den äußeren Ring herum lief, umkleideten sie in ihrem ganzen Umkreis mit Erz, wobei sie von diesem gleichsam einen Überzug machten; die innere Mauer übergossen sie mit Zinn und diejenige um die Burg selbst mit Goldkupfererz, das wie Feuer funkelte…

Wenn man aber die äußeren Häfen, drei an der Zahl, durchquert hatte, so stieß man auf eine Ringmauer, die ihren Ausgangspunkt beim Meer hatte und die überall in ihrem Verlauf fünfzig Stadien vom größten Ring, der den größten Hafen bildete, entfernt war und sich dort, wo der Durchstrich zum Meer einmündete, wieder zusammenschloß. Dieser ganze Raum war von vielen dichtgedrängten Häusern besetzt. Die Ausfahrt und der größte Hafen aber waren überfüllt von Schiffen und von Kaufleuten, die aus allen Richtungen herkamen und mit ihrer Menschenmenge Tag und Nacht ein lautes Stimmengewirr und ein vielfältiges Getümmel verursachten...«

Es folgt eine ausführliche Beschreibung über den Rest der Insel, über das Militärwesen der Atlanter und ihren Krieg mit den Mittelmeervölkern.

Über das in der Erzählung erwähnte Goldkupfererz (Oreichalkos) wurde viel gerätselt. Möglicherweise verbirgt sich hinter diesem »Erz« Bronze, eine Metallegierung, die bei geeigneter Zusammensetzung goldfarben erscheint und in den ersten Jahrhunderten nach ihrer Einführung als Werkstoff sicher recht kostbar war.

In den auf Platon folgenden zweieinhalb Jahrtausenden gab die Atlantissage immer wieder Anlaß für neue Überlegungen und oftmals auch für intensivste archäologische Suche nach Relikten dieser untergegangenen Kultur. Gerade die exakten detailreichen Ausführungen ließen viele Forscher zu der Überzeugung gelangen, daß es sich hier weder um eine Legende noch um eine Fiktion handeln könne, die dem genialen Geist des griechischen Philosophen entsprungen war. Dies hatte zur Folge, daß im Laufe der Zeit eine Vielzahl von Atlantistheorien entstand.

Manche interessante Hypothese darf heute als unhaltbar betrachtet werden. Hierzu gehören beispielsweise die Vorstellungen von Flavio Barbieron, der Atlantis in der Antarktis vermutet, oder die Meinung so namhafter Gelehrter wie Alexander von Humboldts, der Südamerika als Heimat der Atlanter betrachtete. Auch die These des Archäologen Albert Hermann, der eine einstige Mittelmeerbucht in Tunesien, den heutigen Schott-El-Djerid, als Zentrum von Atlantis ansah und dort 1931 die Reste einer antiken Stadt ausgrub, hat ebenso an Bedeutung verloren wie Theorien über Lageplätze im westafrikanischen Yorubaland.

Lag Atlantis in der Nordsee?

Eine der Atlantishypothesen, die sehr viele Anhänger fand, wurde 1953 von Jürgen Spanuth aufgestellt. Er vermutete den Königssitz von Atlantis in der Nordsee, am Ostrand Helgolands. Das Königreich Atlantis soll während der Bronzezeit existiert und neben Dänemark und Südskandinavien weite Gebiete Norddeutschlands umfaßt haben. Um 1200 v. Chr. fiel nach Spanuth die Königsinsel Basileia (basilens = grch. »König«) zusammen mit weiten Landgebieten vor der heutigen Nordseeküste gewaltigen Sturmfluten zum Opfer. Tatsächlich decken sich Verbreitungsgebiet und Entwicklungsstand der nordischen Bronzezeitkultur gut mit den diesbezüglichen Angaben Platons. Auch manche Einzelheit in der Beschreibung der Königsinsel vermochte Spanuth in dem sogenannten »Steingrund«, neun Kilometer östlich Helgolands, wiederzufinden (Abb. 39). So entdeckte er einen flachen Hügel, umgeben von einem doppelten Steinwall, der in seinen Abmessungen Platons Maßangaben entsprach. Auch bezüglich der Metallgewinnung konnte Spanuth Belege erbringen. Zahlreiche Kupfererze ließen sich auf Helgoland nachweisen. Auf dem Steingrund selbst wurden mehrere alte Kupferscheiben gefunden. Das mysteriöse Goldkupfererz, das nach Platon zur Verzierung des Königspalastes verwendet worden war, deutete Spanuth als Bernstein. Im Krieg der Atlanter mit den Mittelmeerländern sah er den historisch nachgewiesenen Einfall der nordischen Seevölker in dieses Gebiet während des 13. Jahrhunderts v. Chr. Es ist sehr wahrscheinlich, daß die Klimaverschlechterung um 1200 v. Chr. und die damit verbundenen Naturkatastrophen zu einer Abwanderung nordischer Bevölkerungsteile und zum Krieg der Seevölker führten.

Diese Ereignisse könnten durchaus einen wesentlichen Kern des Atlantisberichtes darstellen. Als erste Hochzivilisation mit ihren erstaunlichen technischen und wissenschaftlichen Leistungen kommt die nordische Bronzezeitkultur allerdings nicht in Frage, denn diese Leistungen wurden offensichtlich um Jahrtausende früher erbracht.

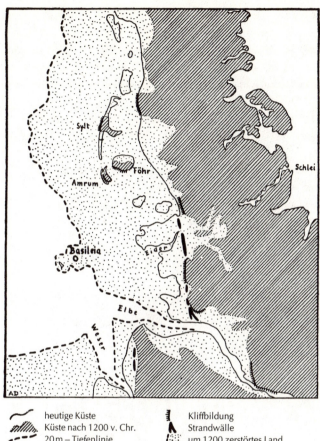

heutige Küste	Kliffbildung
Küste nach 1 200 v. Chr.	Strandwälle
20 m – Tiefenlinie	um 1 200 zerstörtes Land

Abb. 39: Der Steingrund bei Helgoland
(Geographisches Institut der Universität Kiel)

Eine Königsinsel im Mittelmeer

Die Naturkastastrophen des 2. Jahrtausends v. Chr. führen uns zwangsläufig zu einer weiteren Atlantishypothese, die Atlantis in das Mittelmeer verlagert, also diesseits der Säulen des Herakles. Es ist die Insel Thera, auf der James W. Mavor den Königssitz der untergegangenen Kultur vermutet. Der Zeitpunkt des Unter-

129

gangs läßt sich in diesem Fall sogar eindeutig nachweisen. Um 1450 v. Chr. wurde bei einer gewaltigen Explosion des Vulkans Santorin der größte Teil von Thera zerstört (Abb. 40). 130 Kubikkilometer Gestein und Aschenmaterial wurden ausgeworfen. Noch in 200 Kilometer Entfernung sind auf dem Meeresboden mehrere Zentimeter dicke Ablagerungen von vulkanischer Asche feststellbar. Auch das 110 Kilometer entfernte Kreta wurde durch Flutwellen und Ascheregen stark in Mitleidenschaft gezogen.

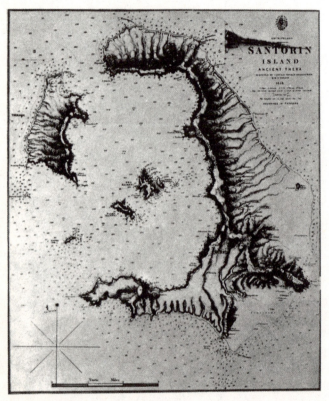

Abb. 40: War Thera die Königsinsel Basileia?
(Mavor, J.: Reise nach Atlantis)

Nachdem der Santorin schon im 16. Jahrhundert v. Chr. größere Aktivitäten gezeigt hatte, die zur Bildung eines 1,5 bis zwei Kilometer hohen Vulkankegels führten, ist eine Königsburg im Zentrum der Insel Thera zum damaligen Zeitpunkt sehr unwahrscheinlich.

Andere Forscher, wie J. V. Luce, halten Kreta selbst mit seiner minoischen Hochkultur für Atlantis. Die Größe der Insel, die umfangreiche und schlagkräftige Flotte und weitere Einzelheiten lassen sich gut mit Platons Atlantiserzählung in Einklang bringen. Doch bei unserer Suche nach einer extrem frühen Hochzivilisation können wir die Minoer Kretas schon wegen ihrer Lage im Mittelmeer nicht berücksichtigen.

Das Gold von Tartessos

Einwände gibt es auch gegen einen weiteren möglichen Atlantisstandort. Es ist Tartessos, das wahrscheinlich im 12. Jahrhundert v. Chr. von den Etruskern in Südwestspanien gegründet worden war.

Nach Adolf Schulten lag diese reiche Handelsstadt auf einer heute verlandeten Insel im Mündungsbereich des Guadalquivier (Abb. 41, s. nächste Seite). Die reichen Erzlagerstätten Spaniens, besonders die Vorkommen von Kupfer, Silber und Gold könnten den Metallreichtum der Atlanter erklären. Die Lage außerhalb der Säulen des Herakles sowie eine zweifellos vorhandene große Schiffsflotte vermögen als weitere Indizien für einen Zusammenhang mit dem Atlantisbericht gelten. Allerdings gibt es gewichtige Gegenargumente. So haben die Einwohner Tartessos keinen Großkrieg gegen die Mittelmeervölker geführt. Außerdem wurde dieses blühende Handelszentrum nicht durch eine Naturkatastrophe, sondern vermutlich durch die Karthager zerstört.

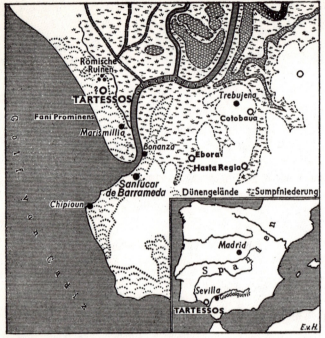

*Abb. 41: Tartessos – ein weiterer Kandidat für Atlantis
(Lissner, I.: Rätselhafte Kulturen)*

Ein altes Großreich in der Bretagne

Professor Helmut Tributsch veröffentlichte 1986 eine neue Atlan-
tistheorie. Seiner Meinung nach ist Atlantis mit der Megalithkultur
identisch. In seinem Werk »Die gläsernen Türme von Atlantis«
zeigt er zunächst, daß die Grenzen dieses atlantischen Großreiches mit Platons Angaben übereinstimmen. Wenn Platon berichtet: »Auf dieser Insel Atlantis nun bildete sich eine große
und staunenswerte Königsmacht aus, der nicht nur die ganze
Insel, sondern auch viele andere Inseln sowie Teile des Festlandes untertan waren«, dann entspricht dies der Ausdehnung
der Megalithkultur. Diese reichte von den Orkney-Inseln über die

Britischen Inseln, entlang ganz Westeuropa bis nach Nordafrika und Malta.

Die große Ebene, von der Platon spricht, mit 540 Kilometern Länge und 360 Kilometern Breite, lag in Frankreich. Ihre südliche Begrenzung bildeten die Pyrenäen, die östliche die Alpen. Sogar die Hauptstadt von Atlantis vermag Tributsch zu lokalisieren. Sie befand sich in der Bretagne, im Golf von Morbihan. Auch hier finden sich die Daten Platons bestätigt. In der Megalithzeit war der Wasserspiegel um etwa sieben Meter niedriger als heute. Bei diesem Wasserstand lag das Megalithheiligtum von Gavrinis auf einer zentralen Insel von 900 Metern Durchmesser. Diese Insel wurde von einem 180 Meter breiten Wasserring und dieser wiederum von einem 360 Meter breiten Inselring umgeben (Abb. 42, s. nächste Seite). Die gleichen Maße gibt Platon für seine Atlantismetropole an. Ein zweiter Inselring, wie ihn Platon beschreibt, läßt sich im Golf von Morbihan ebenso nachweisen wie der neun Kilometer lange Zufahrtskanal. In dem Heiligtum auf der Insel Gavrinis mit seiner einmaligen Ornamentik der Innenwände erkennt Tributsch den Atlantistempel des Poseidon. Sogar hinsichtlich der Bevölkerungszahl ist eine Übereinstimmung nachweisbar. Die große Atlantisebene stellte rund 220 000 Krieger bei einer Gesamtbevölkerung von drei Millionen. Es ist eine Zahl, die sich gut mit der mittleren Bevölkerungsdichte in der Jungsteinzeit vereinbaren läßt. Den Widerspruch zwischen Platons Zeitangabe für den Untergang von Atlantis und dem wesentlich geringeren Alter der Megalithkultur vermag Tributsch aufzulösen.

Der Priester Sonchis von Sais soll dem Athener Gesetzgeber Solon bei dessen Besuch um 590 v. Chr. berichtet haben, daß Atlantis vor 9000 Jahren untergegangen sei, das heißt um 9600 v. Chr. Der griechische Historiker Herodot, der um 450 v. Chr. Ägypten besuchte, erhielt von ägyptischen Priestern die Auskunft, daß den letzten und den ersten Herrscher Ägyptens 341 Generationen trennen. Da Herodot für jeweils drei Generationen 100 Jahre ansetzte, kam er bei 341 Generationen auf 11 340 Jahre. Es liegt die Vermutung nahe, daß auch Solon eine Generationenzahl

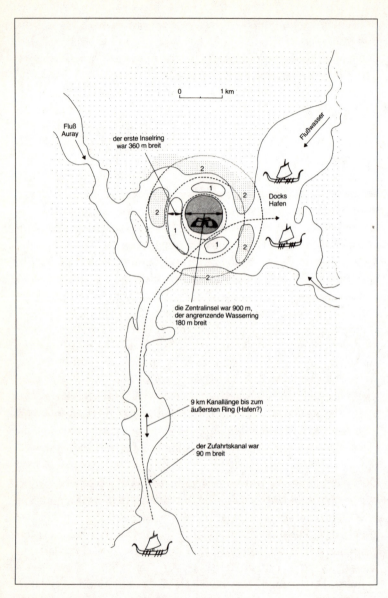

Abb. 42: Lag Basileia im Golf von Morbihan?
(Tributsch, H.: Die gläsernen Türme von Atlantis)

134

genannt bekam, nach der er den frühen Zeitpunkt der Katastrophe errechnete. Tributsch geht davon aus, daß 341 Generationen, die Herodot genannt wurden, sich nicht auf das Lebensalter, sondern auf die Regierungszeit beziehen und kommt nach Auswertung moderner Herrscherlisten und unter Berücksichtigung der Tatsache, daß zum Teil Paralleldynastien und eine Periode extrem rascher Thronwechsel existierten, zu einem sehr interessanten Ergebnis. Für die rund 300 Pharaonengenerationen, die zwischen der Reichsgründung um 3000 v. Chr. und der Zeit Herodots regierten, ergibt sich im Durchschnitt eine sehr kurze Regierungszeit.

Aufgrund dieser Tatsache konnte er den Zeitpunkt des Untergangs bestimmen. Er liegt um 2200 v. Chr. In der Zeit zwischen 2300 und 2200 v. Chr. brachen indoeuropäische Volksstämme sowohl in Kleinasien als auch in Westeuropa ein und überlagerten als sogenannte Glockenbecherkultur die ortsansässigen Kulturen. In der Bretagne und später auch in den übrigen westeuropäischen Ländern fiel die Megalithkultur den Eindringlingen zum Opfer. Der Zerfall dieser Megalithkultur wurde nach Tributsch als Untergang von Atlantis überliefert.

Wenn man die Bretagne mit ihren eindrucksvollen Megalithbauten kennt und weiß, daß diese häufig nach astronomischen Gesichtspunkten ausgerichtet sind (vergleiche Kapitel »Die Nachfolger«), dann wirkt diese Atlantishypothese sehr bestechend. Leider waren die Megalithleute noch vollständig der Steinzeit verhaftet, das heißt, ihre Gerätschaften bestanden ausschließlich aus Stein, Holz oder Knochen. Auch wenn dieses Material oftmals vollendet geschliffen und poliert war, so befähigte es ihre Benutzer sicher nicht zu den hervorragenden naturwissenschaftlichen Entdeckungen, die der untergegangenen Zivilisation gelungen waren.

Die Azoren als Hochburg der Atlanter

Besonders überzeugend wirken manche der Theorien, die Atlantis auf den atlantischen Inseln anzusiedeln suchten.

Seit B. de St. Vincent 1803 die Kanarischen Inseln als Sitz der Atlanter in Betracht zog, wurde diese Inselgruppe immer wieder, in den letzten Jahren sogar von Tiefseetauchern, auf etwaige Spuren hin durchsucht. Die Ureinwohner dieser Inseln, die Guanchen, wurden erst im 14. Jahrhundert von den Europäern entdeckt und in den folgenden Jahrhunderten nahezu vollständig ausgerottet. Ihre Vorfahren hatten die Kanarischen Inseln im 5. Jahrtausend v. Chr. besiedelt. Zahlreiche archäologische Funde, besonders keramische Gefäße aus der Jungsteinzeit, beweisen, daß diese ersten Siedler Vertreter der Megalithkultur waren. Es ließen sich weder Reste einer Königsburg noch Spuren einer Metallgewinnung oder -verarbeitung nachweisen. Außerdem kommt den Kanarischen Inseln im Rahmen der Megalithkultur nur eine Randbedeutung zu. Selbst wenn man von einem Untergang größerer Landgebiete ausgeht, läßt sich bei dieser Inselgruppe die Vorstellung vom Zentrum einer ehemaligen Hochkultur nicht aufrechterhalten. Hinzu kommt, daß die geologischen Befunde dafür sprechen, daß die Inseln nicht als Reste eines versunkenen Inselkontinents, sondern vielmehr als Spitzen von Vulkanen anzusehen sind, die dereinst vom Grund des Atlantik emporwuchsen.

Im Gegensatz dazu erweisen sich bei den Azoren eine ganze Reihe von Details aus Platons Atlantisbericht als zutreffend. Die Azoren, heute nur noch neun Inseln (Abb. 43), im Bereich des mittelatlantischen Rückens gelegen, erheben sich über einem ausgedehntem Plateau in rund 2000 Meter Meerestiefe. Ignatius Donelly, Otto Muck und zahlreiche andere Forscher gehen davon aus, daß sich dieses Plateau einst über dem Meeresspiegel befand und die großflächige Atlantisinsel bildete. Die große Ebene hätte dann tatsächlich die Abmessungen, wie sie Platon angibt, und die heutigen Azoren wären die hohen Berge, die der fruchtbaren Ebene Schutz vor den kalten Nordwinden gewährten. Sogar die Position der atlantischen Königsstadt läßt sich bestimmen. Ihre

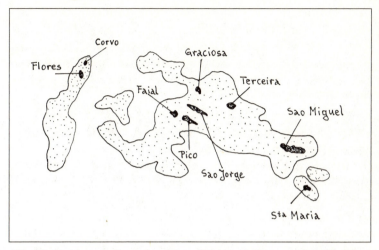

Abb. 43: Das Azorenplateau (punktierte Fläche) mit den neun Azoreninseln.

Überreste müßten nach Kurt Bilau 2000 Meter unter dem Meeresspiegel in einem weiten Tal auf einer kleinen Anhöhe liegen. Heiße und kalte Quellen, wie sie Platon beschreibt, sind heute noch auf den Azoreninseln anzutreffen, beispielsweise auf São Miguel. Interessanterweise existieren im Bereich der Azoren auch unter dem Meeresspiegel Süßwasserquellen. Schließlich sind die zum Bau der Hauptstadt und königlichen Burg verwendeten Steine in den Farben Weiß, Schwarz und Rot auf den Azoren vorhanden. Der französische Forscher Paul le Cour äußerte die Vermutung, daß der »See der sieben Städte« auf der Insel São Miguel auf seinem Grunde die Ruinen prähistorischer Gebäude birgt.

Da nicht zuletzt einige geologische Befunde für einen plötzlichen Untergang des Azorenplateaus vor etlichen Jahrtausenden sprechen, scheint diese ehemalige Großinsel eigentlich der ideale Heimatsitz der Antiliden zu sein. Leider war bisher die Suche nach Spuren der Antiliden noch nicht sehr erfolgreich. Ein Kupferarmband, das man 1920 aus 800 Meter Tiefe barg, und eine runde Kalksteinscheibe von 14 Zentimeter Durchmesser mit einer

Durchbohrung in der Mitte sind alles, was man fand. Interessant ist, daß in steinzeitlichen Gräbern bei Brünn (Tschechei) ähnlich geformte Steinscheiben mit einem Durchmesser von 20 Zentimeter enthalten waren (Abb. 44, s. Bildteil). Sie besitzen ein Alter von mindestens 22 000 Jahren. Über ihren Verwendungszweck ist ebensowenig bekannt wie bei der Steinscheibe von den Azoren. Sollte deren Alter ähnlich hoch anzusetzen sein? Auf jeden Fall sollten diese ersten Suchergebnisse den Anreiz für eine weitere intensive Unterwasserforschung bilden.

Der russische Geologe N. F. Zhirov, der sich ausführlich mit dem geologischen Problem des Atlantikrückens auseinandersetzte, veröffentlichte 1964 eine bemerkenswerte Theorie. Seiner Meinung nach bestand Atlantis aus einem dreiteiligen Kontinent mit einer Großinsel Azoris als nördlichstem Teil. Südlich des 31. Breitengrades schloß sich die Insel Antillia an. Den Abschluß bildete südlich des 10. Breitengrades eine Inselgruppe, von der als heutige Überreste die winzigen Inseln St. Peter und St. Paul zeugen.

Gerade diese Inseln wurden bereits früher als mögliche Heimat der Atlanter in Betracht gezogen. Erstens befindet sich in ihrer unmittelbaren Umgebung ein ausgedehntes Unterwasserplateau in 2300 Meter Meerestiefe. Zum anderen war in verschiedenen alten Erdkarten an dieser Stelle eine größere Insel verzeichnet. In der Karte des Piri Rei's etwa trägt sie den Namen Antilia. Bislang wurden allerdings in diesem Gebiet keinerlei Artefakte gefunden, die uns einen Hinweis auf die einstige Anwesenheit der Antiliden geben könnten. Es stellt sich daher die berechtigte Frage: Besteht dann überhaupt Aussicht, konkrete Hinweise auf die Existenz der Antiliden im Bereich des Atlantik zu erhalten? Tatsächlich eröffnete sich vor über 30 Jahren eine Perspektive.

Straßen und Mauern auf dem Meeresgrund

1959 entdeckte der amerikanische Forscher Dr. J. Manson Valentine die sogenannte Biministraße im Bereich der Bahama-Inseln.

Im seichten Wasser der Kleinen Bahamabank, nördlich der Bimini-Inseln fand er – eingebettet im Sand – riesige, quaderförmige Felsblöcke von drei bis sechs Meter Kantenlänge. Sie waren in zwei parallelen Reihen angeordnet wie ein riesiges Pflaster einer Straße oder eine Mauerkrone. Diese eindrucksvolle Steinformation erstreckt sich über eine Länge von mehreren hundert Metern, bevor sie im Sand verschwindet. 50 Kilometer südlich der Bimini-Inseln fand er auf der Großen Bahamabank in nur vier Meter Wassertiefe lange Steinreihen und dunkelfarbene Rechtecke.

Östlich dieser Inseln stieß Valentine auf eine riesige mauerartige Steinanlage in Gestalt eines Dreiecks. An diese schloß sich ein etwa 100 Meter langes Rechteck an, das von einem Steinwall umgeben war. Quer durch diesen Wall zog sich ein Kanal. Nördlich der Anlage waren schließlich noch drei kreisförmige Steinstrukturen erkennbar. Insgesamt hat Valentine über 30 Plätze lokalisiert, an denen sich Unterwasserruinen befinden dürften.

Ebenfalls im Biminibereich entdeckten die Taucher D. Rebikoff und P. Turolla sechseckig geformte Steinfliesen mit einem Durchmesser von annähernd 20 Zentimetern, die in geraden Reihen angeordnet waren. Herb Sawinski registrierte 1982 auf der 220 Kilometer südlich gelegenen Cay Sal Bank mehrere Mauern und Steinpflaster.

1977 gelang im gleichen Gebiet die Entdeckung einer großen Unterwasserpyramide, die vom Meeresgrund in 200 Meter Tiefe bis 45 Meter unter die Wasseroberfläche emporragt. Bislang ist allerdings nicht auszuschließen, daß es sich bei dieser Unterwasserformation im Gegensatz zu den zahlreichen Mauern, Pflasterreihen und Rechtecken um eine natürlich entstandene Tiefseekuppe handelt. Eine weitere Pyramide, deren Spitze bis etwa zwölf Meter unter die Wasseroberfläche reicht, sowie Gebäudereste, die durch einen Sturm freigelegt wurden, will Ray Brown 1970 vor den Berry-Inseln aufgefunden haben.

Ist die Bahamabank die gesuchte Heimat?

Trotz der großen Zahl von Unterwassergebilden im Bereich der Bahamas wurde immer wieder angezweifelt, daß es sich bei ihnen um künstliche, von Menschenhand geschaffene Anlagen handelt. Erst Professor David Zink gelang im Rahmen von vier Expeditionen, die er zwischen 1974 und 1977 durchführte, die Klärung der Entstehungsfrage.

Zunächst wollen wir jedoch einen kurzen Blick auf die geologischen Verhältnisse der Bahamabank werfen. Ihr Untergrund besteht aus einer massiven Kalksteinschicht, die sich bereits vor etwa 130 Millionen Jahren, das heißt zu Beginn der Kreidezeit, gebildet hatte.

Während diese Felsunterlage im Laufe von Jahrmillionen in die Tiefe absank, entstand auf ihr aus riffbildenden Lebewesen, wie beispielsweise Korallen, neues, ganz anders beschaffenes Kalkgestein. Die im Pleistozän gebildete Schicht wird als Old-Bimini-Gestein bezeichnet. Darüber liegt die erst in den letzten 10 000 Jahren entstandene New-Bimini-Gesteinsschicht. Schließlich ist im Gezeitenbereich der Küste noch der etwa gleich junge Küstenfels anzutreffen. Diese drei zuletzt genannten Gesteinsformationen bestehen aus Fossilienresten, die durch *Kalziumkarbonat* zusammengekittet wurden. Die Kristallstrukturen, die sich hierbei herausbildeten, sind derart unterschiedlich, daß die Gesteine nicht zu verwechseln sind.

Zink und die anderen Expeditionsteilnehmer unterzogen die Felsblockreihen in der Biministraße einer eingehenden Untersuchung. Dabei beeindruckte die Wissenschaftler als erstes Ausmaß und Form der steinernen Anlage. Bei einer Länge von 580 Metern zeigte sich die Gestalt eines riesigen J (Abb. 45). Möglicherweise war es ursprünglich eine U-förmige Steinkonstruktion, da in der Verlängerung des runden Bogens weitere Steinreihen im Sand zu erkennen sind. Relativ rasch waren sich die Forscher klar darüber, daß die Steinstrukturen nicht natürlichen Ursprungs sein konnten. Zwar waren, wie die Analysen ergaben, die bis über drei Meter langen Felsblöcke aus Küstenfels gearbeitet – auch der natürlich entstandene Küstenfelsen besteht oftmals ebenfalls aus Blöcken mit Rillen dazwischen –, die Vermessungsarbeit des Forscherteams förderte jedoch recht schnell die entscheidenden Unterschiede zutage. Bei dem natürlich gewachsenen Küstenfels betrug die Blockgröße rund 60 Zentimeter und die Breite der dazwischenliegenden Rillen etwa 28 Zentimeter. Bei den künstlichen Steinanlagen waren die Blöcke drei bis vier Meter lang und die Fugen entweder annähernd 70 Zentimeter oder zehn bis 15 Zentimeter breit. Als ein weiteres wesentliches Unterscheidungsmerkmal stellte sich die Richtung der Rillen heraus. Beim natürlichen Fels laufen sie stets parallel zueinander und bilden mit der Küstenlinie einen rechten Winkel. Vermutlich wurden die Rillen durch die Meeresbrandung und den von ihr mitgeführten Sand

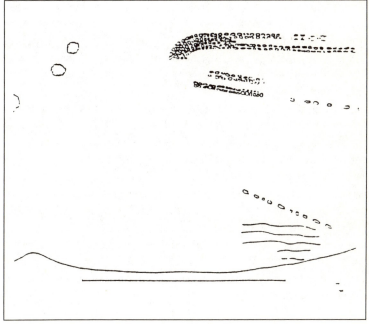

Abb. 45: Das große J – Reste einer uralten Monumentalanlage?
(Zink, D.: Von Atlantis zu den Sternen)

allmählich aus dem Fels herausgeschliffen. Die Rillen zwischen den von Menschenhand aufgestellten Blöcken dagegen zeigen sehr unterscheidliche Richtungen (Abb. 46, s. Bildteil). An einer Stelle wies der Felsuntergrund einen starken Riß auf. Die Richtung dieses Risses bildete mit den Fugen einen Winkel von 45 Grad. Bei natürlich entstandenen Felsen wäre so etwas nicht möglich. Sie wären in der gleichen Richtung mit aufgerissen worden.

Noch entscheidender für den Nachweis einer künstlichen Entstehung war die Entdeckung, daß einzelne große Blöcke besonders sorgfältig aufgestellt waren. Die Erbauer der Steinanlage hatten vor Jahrtausenden diese Riesenblöcke an ihren Ecken auf kleinere Steine gelagert.

Doch Zink gab sich mit diesen an sich schon überzeugenden Befunden nicht zufrieden. Er nahm Proben von mehreren benachbarten Steinblöcken und ließ diese an der Old Dominion University in Virginia analysieren. Dabei zeigte es sich, daß bei einigen Blöcken das Kalziumkarbonat als *Aragonit*, bei anderen in Form von *Kalkspat* auskristallisiert war. Damit ist ausgeschlossen, daß sie an Ort und Stelle auf natürlichem Wege entstanden waren. Man mußte sie einst von verschiedenen Entstehungsorten zum Bau herantransportiert haben.

Der Verwendungszweck dieser steinernen Konstruktionen ist bislang noch unbekannt. Waren es Straßen oder Mauern oder Fundamente riesiger Heiligtümer? Wir wissen nur, daß die tonnenschweren Blöcke heute meist in einer Schicht auf dem massiven Felsgrund liegen. Selten treten zwei Lagen übereinander auf. Ob weitere Blockreihen im Laufe der vergangenen Jahrtausende eventuell heruntergestürzt und nun von Sand bedeckt sind, entzieht sich vorläufig unserer Kenntnis.

Der Zeitpunkt, an dem die Steinanlagen errichtet wurden, läßt sich nicht genau ermitteln. Eine ehemalige Küstenlinie, die gegenwärtig 15 Meter unter dem Meeresspiegel liegt, ist, wie eine Altersdatierung ergab, um 6000 v. Chr. im Meer versunken. Die aufgestellten Steinreihen dürften mindestens ebenso alt sein. Sind sie ausreichender Beleg für die einstige Anwesenheit der Antiliden? Glücklicherweise gibt es inzwischen Funde, die es wahrscheinlich

142

machen, daß dieser riesige Flachwasserbereich ehemals eine von einer Hochkultur bewohnte Insel war: Da ist ein stilisierter Tierkopf, den Zink aus sechs Metern Tiefe barg. Er besteht aus weißem *Marmor*, einem Gestein, das im Karibikraum nicht vorkommt. Die starke Reduzierung der Formen und die ausgeprägten Erosionsspuren deuten auf ein hohes Alter der Skulptur hin. Neben dem Kopf befanden sich noch drei weitere Marmorbruchstücke, die ihn möglicherweise einst wie eine Stele trugen. Wer aber brachte den Marmor in diese Erdregion und schuf diese ungewöhnliche Steinplastik? Vermutlich war es die gleiche Zivilisation, deren Spuren Dr. William Bell 1957 vor den Bimini-Inseln entdeckte. Bei einem seiner Tauchgänge stieß er auf eine schätzungsweise 15 Meter lange Säule, die aus dem Bodenschlamm emporragte. Ihr oberer Durchmesser betrug etwa zehn Zentimeter, während sie unten rund 20 Zentimeter maß. Eine nähere Untersuchung des im Bodenschlamm verborgenen Säulenteils förderte ein zahnradähnliches Gebilde von ungefähr 60 Zentimetern Durchmesser zutage. Etwas tiefer barg der Schlamm ein zweites derartiges »Zahnrad«. Die starke Verkrustung der Säule verhinderte ein Erkennen des Materials. Gleichzeitig ist sie ein Indiz für das hohe Alter. Doch von welcher Einrichtung hatte Bell die Überreste gefunden? Waren es Teile einer frühzeitlichen Maschine? Sind sie der erste direkte Beweis für die technische Leistungsfähigkeit der Antiliden? Betrachten wir die Ausdehnung der Großen Bahamabank, die in der Länge über 500 Kilometer und in der Breite mehr als 300 Kilometer mißt, so erscheint diese geradezu als ein idealer Wohnsitz für die Antiliden (Abb. 47, s. nächste Seite). Seit der letzten Eiszeit ist der Wasserspiegel um 90 Meter gestiegen und hat den größten Teil der Insel überflutet: Vor 12 000 Jahren jedoch war die Landfläche des Bahamagebietes mit mehr als 100 000 Quadratkilometern groß genug, um einer Hochkultur den nötigen Lebensraum zu bieten. Eine Besiedlung könnte während der letzten Eiszeit, wie bereits im ersten Kapitel gezeigt wurde, von Europa aus über die Azoren erfolgt sein. Die Eiszeitmenschen, die sich mit floßartigen Fahrzeugen auf das offene Meer hinauswagten, gehörten zweifellos zu der Elite der Spezies Mensch. Diejenigen, die das

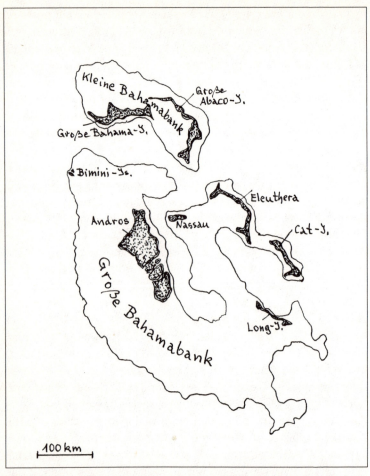

Abb. 47: Lag auf der Großen Bahamabank das Zentrum der Antiliden?

Abenteuer der wochenlangen Atlantiküberquerung überlebten, waren die Tüchtigsten und Erfindungsreichsten unter ihnen. Der neu entdeckte Lebensraum bot klimatisch und damit auch von der Vegetation her günstige Voraussetzungen für eine erfolgreiche Ansiedlung. Weitere Entdeckungsreisen zur See mit verbesserten Wasserfahrzeugen waren sicher nur eine Frage der Zeit. Sie

144

22 000 Jahre alte Steinscheibe aus Brünn in der Tschechei. Diese Steinscheibe mit 20 Zentimetern Durchmesser fand man als Grabbeigabe. Eine ähnlich geformte Scheibe barg man im Bereich des Azorenplateaus (M. Hofer) (Abb. 44)

»Steinpflaster« auf der Großen Bahamabank. Diese teilweise mehr als drei Meter langen Felsblöcke wurden vor mehreren Jahrtausenden zu Mauern oder gepflasterten Straßen angeordnet (David Zink) (Abb. 46)

Krater auf dem Planeten Merkur. Der Kraterdurchmesser beträgt zum Teil mehr als 100 Kilometer (NASA) (Abb. 49)

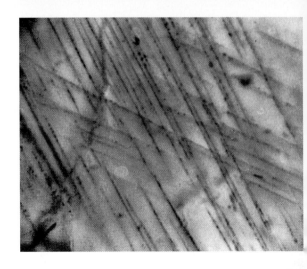

Deformationslamellen im Suevit des Nördlinger Rieses. Die Strukturen in dem Gestein bildeten sich durch Stoßwellen bei einem Druck von rund 300 000 Bar (Mineralogisch-Petrographisches Institut der Universität Tübingen) (Abb. 51)

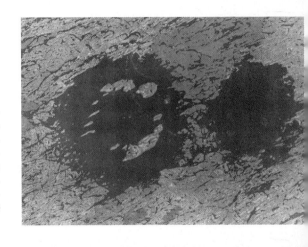

Der Clearwater-Doppelkrater. Die beiden Einschlagskrater mit Durchmessern von 30 und 20 Kilometern entstanden beim Aufprall von zwei fast kilometergroßen Körpern (Canada Center for Remote Sensing) (Abb. 53)

Die Spuren der Tunguskakatastrophe. Am 30. Juni 1908 explodierte in Nordsibirien wahrscheinlich das Bruchstück eines Kometen. Im Umkreis von 60 Kilometern wurden die Bäume durch die Druckwelle umgestürzt (Rainbird Picture Library) (Abb. 54)

Keramik der Obed-Kultur. Reste von ihr fand man unter der mächtigen Schwemmschicht in Ur (L. Woolley: Excavations at Ur) (Abb. 57)

Fremde Gottheit im präkolumbianischen Guatemala, in der Sammlung von Charles Berlitz, der sie in Chinique ausgrub (Foto Herb Sawinski) (Abb. 62)

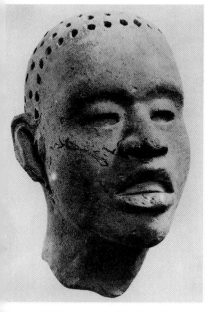

Negroide Skulptur aus Mexiko. Sie zeigt, daß Afrikaner bereits vor fast 3000 Jahren in die Neue Welt gelangten (Staatliche Museen Preußischer Kulturbesitz, Berlin) (Abb. 65)

Diese olmekische Skulptur belegt Kontakte zwischen China und Mittelamerika (Gallimard-Giovanni dagli Orti) (Abb. 67)

Ein Phönizier im alten Südamerika. In Ximché in Guatemala fand man diese präkolumbianische Plastik. Zusammen mit vielen anderen Funden bezeugt sie die frühe Anwesenheit der Phönizier auf dem amerikanischen Kontinent (Musée de l'homme, Paris) (Abb. 68)

Die »Dame von Uruk«. Dieser Marmorkopf ist das wohl eindrucksvollste Beispiel für die Kunst der Sumerer um 3200 v. Chr. (Zeitschrift für Assyriologie, Bd. 45) (Abb. 69)

Idolfigur aus der Obed-Kultur. Diese männliche Tonfigur entstand um 4000 v. Chr. (A. Parrot: Sumer) (Abb. 70)

führten zu vielen Inseln, zum amerikanischen Festland und vor allem zum südamerikanischen Kontinent. Expeditionen in die Gebirgswelt der Anden hatten die Entdeckung von gediegenem Kupfer und Gold zur Folge. Später kamen verschiedene Erze dazu, die sich für eine Metallgewinnung eigneten. Pflanzliche Nahrung und jagdbares Wild standen auf der neuen großen Stamminsel sowie in den weiten Flächen Amerikas in beliebiger Menge zur Verfügung. Allmählich wurden geeignete Tier- und Pflanzenarten in Kultur genommen. Die Zahl der Inselbewohner wuchs im gleichen Maß wie deren Wohlstand. So wie es später bei den Hochkulturen Mesopotamiens und Ägyptens zu beobachten war, setzte in den immer größer werdenden Siedlungen eine Spezialisierung ein.

Im *Zweistromland des Euphrat und Tigris* waren es die fruchtbaren Böden, die günstige Siedlungsvoraussetzungen boten. Eine erfolgreiche Nutzung war aber nicht einzelnen Siedlern, sondern nur einer größeren Menschengemeinschaft möglich, da jährliche Fluten und Trockenperioden die Ernte bedrohten. Erst als die Menschen lernten, durch gemeinschaftlichen Bau von Dämmen und Bewässerungskanälen der Natur Herr zu werden, konnten größere Städte mit beachtlichem Wohlstand entstehen und konnte sich allmählich die erstaunlich leistungsfähige Hochkultur der *Sumerer* entwickeln.

War es in Sumer das Problem der Bändigung der großen Ströme, das die Siedler zu beachtlichen Gemeinschaftsleistungen stimulierte, so war für die Bewohner einer großen atlantischen Insel das Meer mit seinen Gefahren und dem Anreiz, es zu beherrschen, von ungleich größerer Stimulanz. Welchen wirtschaftlichen und kulturellen Aufschwung die erfolgreiche Bewältigung einer Herausforderung durch das Meer nach sich zieht, können wir am Beispiel der Phönizier verfolgen. Ihr einziger Nachteil, der letztlich auch ihren Untergang herbeiführte, war ihre Festlandslage, das heißt die Nachbarschaft anderer mächtiger Völker mit vergleichbarem Entwicklungsstand.

Die exakte Beobachtung der Gestirne wurde als notwendige Voraussetzung für eine erfolgreiche Seefahrt erkannt, die ihrerseits sich als einzigartiges Mittel erwies, Reichtum und Macht des wachsenden Staatswesens der Antiliden zu mehren.

Eine Insellage, Tausende Kilometer von Westeuropa und dem Mittelmeerraum entfernt, erlaubte für mindestens zehn Jahrtausende eine ungestörte Entfaltung dieser ersten Hochzivilisation. Den späteren Hochkulturen – wie Ägyptern, Sumerern, Griechen und Römern – stand dagegen nur ein Entwicklungszeitraum von 1000 bis maximal 3000 Jahren zur Verfügung. Dank dieses günstigeren Zeitfaktors konnten die Antiliden eine kulturelle und wissenschaftliche Entwicklungshöhe erreichen, die weit über die der nachfolgenden Hochkulturen hinausreichte.

Es gibt noch weitere Hinweise darauf, daß sich auf den Bahamas möglicherweise ein Zentrum der Antiliden befand, von dem aus der Atlantik mit seinen Inseln und angrenzende Festlandsküsten beherrscht wurden. An der Küste Yukatans und Belizes führen sogenannte Sachés, die meistens für steinerne Prozessionsstraßen gehalten werden, zunächst auf das Ufer zu und anschließend Hunderte von Metern unter Wasser weiter, bevor sie im Meeresgrund verschwinden. Die Anordnung und Form ihrer Felsblöcke entspricht ganz den Steinstraßen der Großen Bahamabank. Alles spricht dafür, daß es sich im flachen Küstenbereich Yukatans, der während der Eiszeit Festland war, um Siedlungsspuren der gleichen alten Kultur handelt. Als Anfang der 70er Jahre vor der Küste Marokkos in 17 Meter Meerestiefe eine mehrere Kilometer lange Mauer entdeckt wurde, unterzog man diese einer näheren Untersuchung. Es zeigte sich dabei, daß bei den Abmessungen der Steinblöcke sowie bei der gesamten Mauerstruktur keine Unterschiede zu den Biminimauern bestehen. Sollten hier die Reste einer Dependance der Bahamazivilisation vorliegen, gewissermaßen die Relikte einer vom Zentrum Tausende Kilometer entfernten Außenstation? Dies ist nur eine der Fragen, die sich in diesem Zusammenhang stellen. Wer legte die Straße auf dem Boden des Mittelmeeres an, die der Tiefseetaucher Jacques Cousteau beschritt, und wer die Ruinenstadt am Meeresgrund vor der Insel Melos, auf die Jim Thorne stieß? Zwei antike Hafenanlagen der phönizischen Stadt Tyros, die zwischen 1400 und

900 v. Chr. gebaut worden waren, liegen heute nur wenige Meter unter dem Meeresspiegel. Das gleiche gilt für rund 40 frühgeschichtliche Häfen an der Mittelmeerküste, die man nach 3000 v. Chr. anlegte. Wie uns die Abbildung 48 zeigt, ist der Meeres-

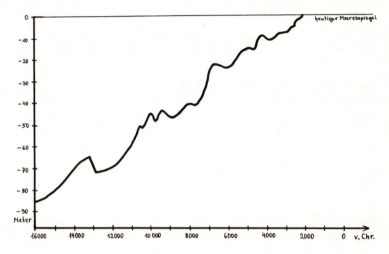

Abb. 48: Das Ansteigen des Meeresspiegels nach der Eiszeit

spiegel in den letzten 18 000 Jahren um annähernd 90 Meter gestiegen. An der jeweiligen Tiefe, in der man heute Unterwasserruinen antrifft, läßt sich deren Alter abschätzen.

Die Mauern vor Marokko blicken demnach auf das stolze Alter von 8000 Jahren zurück. Eine antike Hochofenanlage bei Marseille, die rund 15 Meter unter der Meeresoberfläche liegt, wäre etwa ebenso alt. Wenn wir uns schließlich erinnern, daß das Alter der Mauern und Straßen auf der Bahamabank ebenfalls bei mindestens 8000 Jahren liegen dürfte, dann beginnt sich das Bild eines mächtigen Großreiches der Antiliden abzuzeichnen.

Das Großreich der Antiliden

Wahrscheinlich diente den Antiliden die Azoren-Großinsel als Ausgangsbasis und erster Herrschaftssitz. Später entstand im Bereich der Bahamas ein zweites Zentrum, von dem aus die gesamte Karibik und die Küsten Mittel- und Südamerikas beherrscht wurden. Diese Gebiete bildeten die Ernährungsgrundlage der Antiliden. Die Anden lieferten ihnen ebenso wie der Mittelmeerraum wertvolle Erze und andere Rohstoffe, wie etwa weißen Marmor. Von jenem Mittelmeergebiet aus hatten einst die Vorfahren der Antiliden ihre Reise westwärts ins Ungewisse angetreten. Jahrtausende später beherrschten die Antiliden als technische Hochzivilisation den Atlantik und die angrenzenden Länder, zu einem Zeitpunkt, als die übrigen Völker die ersten Schritte auf dem Wege von eiszeitlichen Jägern und Sammlern zu Ackerbauern und Viehzüchtern unternahmen.

Wie konnte nun ein so mächtiges Großreich ganz unvermittelt aus der Weltgeschichte verschwinden, ohne nennenswerte Spuren zu hinterlassen? Das nächste Kapitel will versuchen, eine Antwort auf diese Frage zu geben.

VII

Eine Katastrophe brachte den Untergang

Der Meteoritenkrater Nördlinger Ries

Betrachten wir den Mond in einem Fernglas, so sehen wir seine Oberfläche mit Kratern übersät. Diese riesigen Ringgebirge entstanden im Laufe der Mondgeschichte durch Einschläge von *Riesenmeteoriten* mit Durchmessern von einigen Kilometern. Wie die Bilder der Weltraumsonden zeigen, sind auch die Oberflächen der Planeten Merkur, Venus und Mars von zahlreichen kosmischen Geschossen getroffen worden (Abb. 49, s. Bildteil). Auch unsere Erde bildet keine Ausnahme, nur sind hier die Spuren infolge der starken Erosion weniger auffällig. Selbst heute umkreisen neben den neun großen Planeten noch viele tausend Planetoiden, oftmals auch als Asteroiden bezeichnet, unsere Sonne. Die meisten dieser Kleinplaneten bewegen sich in dem Raum zwischen Mars und Jupiter. Doch nicht wenige von ihnen kreuzen die Bahnen der Planeten. So umfaßt die Gruppe der Apollo-Planetoiden beispielsweise mehr als 100 Himmelskörper, deren Umlaufbahnen um die Sonne so verlaufen, daß sie die Erdbahn schneiden (Abb. 50, s. nächste Seite). Darüber hinaus durchqueren immer wieder unbekannte Objekte die Bahn der Erde. 1937 flog der Planetoid Hermes in 700 000 Kilometer Abstand, das ist noch nicht einmal die doppelte Mondentfernung, an unserer Erde vorbei. Berechnungen ergaben, daß im Mittel einmal in einer Million Jahren mit einem Zusammenstoß zwischen Erde und einem kilometergroßen Himmelskörper zu rechnen ist.

Welche Auswirkungen eine Kollision zwischen Erde und Himmelskörper haben kann, zeigt besonders anschaulich das Nördlinger Ries. Der in Süddeutschland gelegene Krater mit 25 Kilometer Durchmesser verdankt seine Entstehung dem Aufprall eines

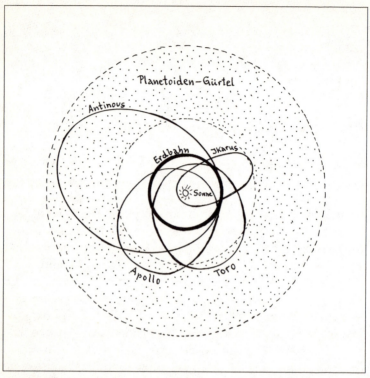

Abb. 50: Planetoiden kreuzen die Erdbahn

Gesteinskörpers von rund 600 Metern Durchmesser, der vor etwa 15 Millionen Jahren mit einer Geschwindigkeit von cirka 30 Kilometern pro Sekunde die Erde traf. Im Zentrum des Aufschlags entwickelte sich bei einer Temperatur von 30 000°C ein Druck von annähernd zehn Millionen bar. Dabei wurde die Energie von 250 000 Atombomben mit der Sprengkraft der Hiroshima-Bombe freigesetzt. Als Folge hiervon verdampfte innerhalb weniger tausendstel Sekunden das gesamte Gestein im Umkreis von 2,5 Kilometern. Gleichzeitig wurden 150 Kubikkilometer Gestein geschmolzen oder zertrümmert und viele Kilometer weit aus dem drei Kilometer tiefen Kraterloch ausgeworfen. Anschließend bedeckte eine 50 Meter dicke Schuttschicht den Erdboden bis zu einer Entfernung von 40 Kilometern. Welche Folgen diese kosmische Katastrophe für die damalige Tier- und Pflanzenwelt hatte, vermag man sich leicht vorzustellen.

Warum starben die Saurier vor 65 Millionen Jahren?

Ein Ereignis mit drastischen Folgen fand am Ende der Kreidezeit vor annähernd 65 Millionen Jahren statt. Damals ging die Hälfte der irdischen Lebewesen zugrunde. Die Dinosaurier, die bis zu diesem Zeitpunkt auf der Erde dominierten, starben aus. Was war geschehen? Ein Planetoid mit einem Durchmesser von etwa zehn Kilometern oder ein entsprechend großer Komet war mit der Erde zusammengestoßen. Ein wahres Inferno war die Folge. Die entfesselte Energie, die das 10 000fache des gesamten irdischen Atomwaffenpotentials betrug, löste schwere Erdbeben, Flutwellen, Vulkanausbrüche und gewaltige Regenfälle aus. Vor allem verdunkelten unermeßliche Staubmassen die Erdatmosphäre über mehrere Jahre hinweg und führten zu ihrer Abkühlung. Ohne ausreichendes Licht ist aber den Pflanzen die *Photosynthese* nicht möglich. Mit dem Verkümmern größerer Pflanzenbestände wurde gleichzeitig zahlreichen Tierarten die Nahrungsgrundlage und damit die Lebensmöglichkeit entzogen. Anschließend sorgte der Treibhauseffekt für eine Überhitzung der Atmosphäre. So ist es nicht verwunderlich, wenn viele Lebewesen, die nicht bereits der direkten Vernichtung zum Opfer gefallen waren, allmählich zugrunde gingen. Die Bilanz der Paläontologen ist daher erschütternd: Am Übergang zwischen Kreidezeit und Tertiär starb nahezu jede zweite Tier- und Pflanzenart aus.

Während man ursprünglich annahm, daß dieses Artensterben sich über einen Zeitraum von rund 500 000 Jahren hinzog, ergaben neuere Untersuchungen an verschiedenen Gesteinshorizonten, insbesonders in Frankreich, Italien und Südspanien, daß die tödliche Zeitspanne wahrscheinlich nur 50 bis maximal 1000 Jahre umfaßte.

Hinzu kommt, daß eine nur wenige Millimeter dicke Sediment-schicht, die den Übergang zwischen Kreide und Tertiär kenn-zeichnet, sowohl in Europa als auch in den Vereinigten Staaten 20-bis 30mal soviel Iridium und Osmium enthält wie die normalen Gesteinsschichten unserer Erdkruste. Ähnlich hohe Edelmetall-konzentrationen finden sich in verschiedenen Steinmeteoriten, also in Bruchstücken ehemaliger Planetoiden. Schließlich ent-deckte man in der Grenzschicht zahlreiche millimetergroße Mine-ralkügelchen, die Spuren von Stoßwellen aufwiesen. Derartige Stoßwellenveränderungen kennt man von Gesteinsproben aus Mondkratern und irdischen Meteoritenkratern sowie aus künstli-chen Experimenten (Abb. 51, s. Bildteil). Sie treten bei Druckwer-ten von rund 300 000 bar auf. Wir haben damit ein weiteres Indiz für einen Planetoideneinschlag vorliegen.

Lange suchte man vergebens den riesigen Krater, der bei dem Aufprall des rund zehn Kilometer großen Körpers entstanden sein mußte. 1991 scheint man ihn endlich gefunden zu haben. An der nördlichen Küste Yukatans trifft man auf eine ganze Kette großer Wasserlöcher mit Durchmessern bis zu 150 Metern. Auf Satelli-tenaufnahmen sieht man, daß sie auf dem Teil eines Kreisrings von 200 Kilometer Durchmesser liegen. Sie verraten den Rand des ehemaligen Einschlagskraters (Abb. 52). Ein Bohrkern aus dem Kraterbereich ließ die typischen Gesteinsstrukturen eines Impakt-kraters erkennen. Schließlich fand man auf Haiti und an drei Stellen in der Karibik winzige Glaskügelchen, die sich bei dem Impaktereignis aus dem geschmolzenen Gestein gebildet hatten. Sie besitzen ebenso wie der Krater ein Alter von 65 Millionen Jahren.

Bedenkt man, daß der bei dem Einschlag entstandene Krater eine Tiefe von etwa 40 Kilometern erreicht haben dürfte, so bedeutet dies, daß die Erdkruste durchgeschlagen wurde. Unter diesen Umständen wären verstärkte vulkanische Aktivitäten die Folge gewesen. Sie dürften das große Artensterben am Ende der Kreide-zeit noch beschleunigt haben.

Während für diese Einschlagskatastrophe der Krater nur schwer nachzuweisen war, lassen sich für andere Kollisionen mit Klein-

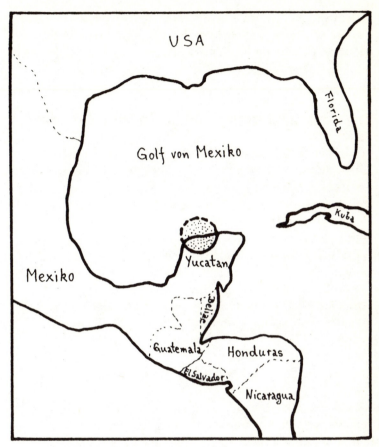

Abb. 52: Der Großkrater auf der Halbinsel Yukatan

planeten die Spuren leichter lokalisieren. Vor allem der Norden Kanadas hat die Hinterlassenschaften kosmischer Katastrophen relativ gut konserviert. In dieser Erdregion ließen sich daher mehrere Einschlagskrater nachweisen. Besonders eindrucksvoll ist der Zwillingskrater in Quebec, die sogenannten Clearwater Lakes mit Durchmessern von 30 und 20 Kilometern und einem Entstehungsalter von 300 Millionen Jahren (Abb. 53, s. Bildteil). Noch größer ist der Maniconagan-Krater, dessen Durchmesser 70 Kilometer beträgt und der vor 210 Millionen Jahren durch einen drei bis fünf Kilometer großen Asteroiden erzeugt wurde. Angesichts des hohen Alters der bisher erwähnten Planetoidentreffer stellt sich die Frage nach geologisch jungen Impaktstrukturen.

Eine Naturkatastrophe vor 40 000 Jahren in Amerika

Das bekannteste Beispiel für eine Naturkatastrophe aus geschichtlicher oder zumindest vorgeschichtlicher Zeit ist zweifellos der Barringer- beziehungsweise Arizonakrater. Vor rund 40 000 Jahren, als der Cro-Magnon-Mensch bereits den größten Teil der Erde erobert hatte und sich gerade anschickte, den Boden Amerikas zu betreten, traf wie ein Blitz aus heiterem Himmel ein riesiger Nickel-Eisen-Meteorit die Erde. Ein Krater von 1300 Metern Durchmesser und heute noch 175 Metern Tiefe war die Folge. Obwohl der größte Teil des Meteoriten sich bei der Kollision in Staub und winzige Bruchstücke auflöste, ruht noch tief im Kraterboden eine Metallmasse von annähernd 50 000 Tonnen.

Das mysteriöse Tunguska-Ereignis

Auch unser 20. Jahrhundert hat eine kosmische Katastrophe zu verzeichnen. Am 30. Juni 1908 erschreckte eine gewaltige Detonation die Reisenden der Transsibirischen Eisenbahn. Glaubten sie doch, ein Anschlag wäre auf die Bahnlinie verübt worden. Was sie nicht ahnen konnten, war die große Entfernung von 600 Kilometern und damit das Ausmaß der Explosion. Erst 1927 untersuchte eine Expedition unter Leitung von Leonid A. Kulik den Ort der Katastrophe, der im unwegsamen Gelände Nordsibiriens, im Gebiet der Steinigen Tunguska, lag. Dort bot sich den Expeditionsteilnehmern ein phantastischer Anblick. Im Umkreis von 60 Kilometern waren die Bäume umgeknickt. Ausgehend von dem Explosionszentrum lagen sie alle in radialer Richtung nach außen (Abb. 54, s. Bildteil). Bis in 18 Kilometer Entfernung vom

Epizentrum waren die Bäume in Brand geraten. Die einseitigen Brandschäden deuten darauf hin, daß Strahlungshitze die Ursache war. Trotz intensiver Suche mehrerer Expeditionen waren weder ein Einschlagskrater noch Meteoritenreste zu entdecken. Statt dessen ergab sich ein ungewöhnlicher Befund: Der in die Erdatmosphäre eingedrungene Körper war offensichtlich in rund acht Kilometer Höhe explodiert. Die hierbei freigesetzte Energie entsprach einer Wasserstoffbombe von zwölf Megatonnen Sprengkraft, wobei 30 Prozent als Strahlungsenergie freigesetzt wurden. Neuere Berechnungen zeigten, daß ein Bruchstück eines Kometen von 50 000 Tonnen Masse und einem Durchmesser von annähernd 50 Metern als Ursache für dieses Tunguska-Ereignis in Frage kommt.

Traf vor 11 000 Jahren ein Panetoid die Erde?

Die Auswirkungen der Tunguska-Explosion sind recht erschrekkend, doch werden sie von dem Ereignis, das sich vor etwa 11 000 Jahren am Ende der Eiszeit abgespielt haben soll, bei weitem in den Schatten gestellt. Otto Muck hat in seinem Buch »Alles über Atlantis« eine eindrucksvolle Beschreibung dieses infernalischen Szenarios gegeben. Seiner Meinung nach traf damals ein mehrere Kilometer großer Planetoid die Erde. Bei dem Zusammenstoß zerfiel er in zwei große Hälften und rund 10 000 Trümmerstücke. Während diese in Carolina (USA) Tausende Einschlaglöcher mit Durchmessern zwischen 400 und 1600 Metern verursachten, durchschlugen die beiden Kernhälften die Erdkruste im Bereich der Sargassosee (Teil des Nordatlantiks). Dort sind heute noch zwei Tiefseelöcher mit einer Fläche von 200 000 Quadratkilometern feststellbar. Die freigesetzte Energie zeitigte verheerende Folgen. Ausgehend von der Einschlagstelle riß der Atlantikboden 3000 Kilometer weit in nördlicher Richtung auf. Magma, mit einem geschätzten Volumen von ein bis zwei Millionen Kubikkilometern, quoll aus dem Erdmantel nach außen. Anschließend sank die *Simaschicht* der Erdkruste ab. Der erhitzte Wasserdampf zerriß das Magma in Tröpfchen, die beim Abkühlen in höheren Schichten der Atmosphäre zu Ascheflocken erstarrten. Diese bildeten zusammen mit feinem Bimssand eine 100 Meter dicke Ablagerungsschicht auf dem Atlantik. Durch diesen Umstand wäre gleichzeitig die Beschreibung Platons bestätigt, der erzählt, daß nach dem Untergang von Atlantis das Meer dort unbefahrbar geworden sei, da der sehr hoch liegende Schlamm die Schiffahrt behindert habe. Auch nach dem Ausbruch des Krakatau im Jahre 1883 störte für etwa zwei Monate eine cirka 25 Zentimeter dicke Bimssandschicht den Schiffsverkehr.

Bei dem gewaltigen Magmaausbruch verdampften 20 Millionen Kubikkilometer, etwa zehn Prozent des Atlantikwassers, so daß der Wasserspiegel um 40 Meter sank. Die hierauf folgenden Niederschläge aus Wasser und Schlamm stiegen in Eurasien auf eine Durchschnittsmenge von 30 Metern. Es kam zu einer riesigen Sintflut, von der die Bibel berichtet. Als weitere Folge soll es zu einem Kippen der Kontinentalschollen gekommen sein. Da an den Felsen der Kordilleren in rund 3000 Meter Höhe eine helle Strandlinie den ehemaligen Verlauf der Meeresküste markiert, bedeutet dies, daß der Kontinent in diesem Bereich um drei Kilometer angehoben wurde. Demzufolge wäre auch der antike Hafen am Titicacasee vormals ein Seehafen gewesen. Entsprechend hätte sich infolge der Kippbewegung der südamerikanische Kontinent an der Nordostküste im Bereich der Amazonasmündung gesenkt. Am afrikanischen Kontinent sind gleichfalls derartige Kippeffekte zu beobachten. So ist beispielsweise die Kongomündung um 800 Meter abgesunken. Das Telegraphenplateau im Bereich der Azoren hat sich nach Meinung von Muck um 2000 Meter gesenkt. Einen Beweis hierfür sieht er im *Globigerinenkalk*, den man im Romanchegraben in 7300 Meter Tiefe fand, der aber nur bis in 4500 Meter Meerestiefe entstehen kann.

Eine der gravierendsten Wirkungen des Aufpralls war nach Muck die Verlagerung der Erdpole um 3500 Kilometer. Diese Polverlagerung soll für die Konservierung von mehr als 100 000 erstickter Mammute in Sibirien verantwortlich sein. Durch die Verschiebung des Nordpols kam es innerhalb weniger Tage zu einer

Vereisung des bis dahin eisfreien Sibiriens und damit zu einem Einfrieren der verendeten Tiere.

Als Zeitpunkt für die Kollision des Planetoiden mit der Erde berechnete Muck 8500 v. Chr. Tatsächlich zeigen Klimakurven in diesem Zeitbereich einen abrupten Rückgang der seit dem Ende der Eiszeit vor 12 000 Jahren ansteigenden Werte. Die Dauer dieses nochmaligen Kälteeinbruchs erstreckt sich allerdings über einige hundert Jahre und ist allein durch einen Planetoideneinschlag schwer zu erklären. Da der kosmische Körper jedoch die Erdkruste durchschlagen hat, ist, ähnlich wie bei der für das Sauriersterben verantwortlichen Katastrophe, mit einem starken Vulkanismus als Folgeerscheinung zu rechnen. Daß dieser wirklich vor 12 000 bis 10 000 Jahren auftrat, belegen beispielsweise die letzten großen Eifelmaare wie der Laacher See. Der ausgeworfene Bimssand füllt noch heute mehrere Meter hoch das Neuwieder Becken. Wir dürfen daher davon ausgehen, daß der durch die stark erhöhte vulkanische Tätigkeit in die Erdatmosphäre gelangte Staub die Klimaverschlechterung verursacht hat.

Einzelne Argumente Mucks sind inzwischen umstritten oder sogar widerlegt. So sind die Carolina-Krater offensichtlich zu einem wesentlich früheren Zeitpunkt entstanden. Die Polverschiebung erfolgte nach Meinung von Hapgood nicht plötzlich, sondern allmählich im Laufe von Jahrtausenden. Schließlich steht für die Anhebung der westlichen Anden eine einwandfreie Altersdatierung bis jetzt noch aus. Wir werden im folgenden noch sehen, daß manches für einen späteren Untergangstermin spricht. Auf die Kernfrage, ob im Azorenbereich eine Großinsel versunken ist, gibt es allerdings heute eine Reihe neuer positiver Antworten. Sehen wir uns diese zunächst einmal an. Die neun Inseln der Azoren bestehen aus vulkanischem Gestein. Dies ist nicht verwunderlich, stoßen doch an dieser Stelle der Erdkruste gleich drei riesige *Kontinentalplatten* aufeinander: die afrikanische, die amerikanische und die eurasische. Wir finden hier infolgedessen ein Gebiet ungewöhnlicher geologischer Aktivität. Zahlreiche Unterwasservulkane bezeugen dies ebenso wie mehrere Verwerfungen, die im Azorengebiet zu beobachten sind. Hinzu kommt, daß die großen

Kontinentalschollen nicht nur die bekannten Bewegungen in horizontaler Richtung zeigen, auch Verschiebungen in senkrechter Richtung sind möglich. Unter diesen Umständen kann es durchaus sein, daß das vulkanische Material, aus dem die heutigen Azoreninseln bestehen, vom Meeresgrund aus nach oben emporgewachsen ist. Diese Möglichkeit schließt aber nicht ein Absinken des gesamten Azorenplateaus vor einigen Jahrtausenden aus.

Beweise für ein Absinken des Atlantikbodens

Es gibt eine ganze Reihe gewichtiger Argumente, die für eine Absenkung des Meeresbodens im mittelatlantischen Bereich sprechen. So finden wir auf der Azoreninsel Santa Maria eine rund vier Meter dicke Schicht aus Kalksedimenten, die im *Jungteriär* abgelagert wurden.

An den Küsten sämtlicher Inseln stößt man auf Geröllblöcke aus Granit, Quarzit und Glimmerschiefer. Diese Gesteine sind vor vielen Millionen Jahren im Festland der Kontinentalplatten entstanden. Sie bilden sich allerdings nicht aus dem Magma, das durch Spalten der Erdkruste in den Tiefseebereich quillt. Einige Geologen machen die Eiszeit für das Vorhandensein der Felsblöcke verantwortlich. Ihrer Meinung nach sollen Eiszeitgletscher das Gesteinsmaterial dorthin transportiert haben. Sogar die Vermutung, daß ganze Schiffsladungen von Gestein an den betreffenden Stellen ausgekippt wurden, ist ein Erklärungsversuch, den Atlantisgegner ins Feld führen. Bohrungen werden vielleicht eines Tages zeigen, daß jenes Festlandgestein auch im Untergrund des Azorenplateaus zu finden ist. Und nun zu den nächsten Hinweisen, die uns geologische Befunde geben.

Auf zahlreichen Gipfeln des Atlantischen Rückens, die heute rund 2000 Meter unter dem Meeresspiegel liegen, stößt man auf Ablagerungen von typischen Flachwasserlebewesen wie etwa Korallen. Da Korallen aber nur bis zu einer Wassertiefe von 40 Metern gedeihen, müssen wir uns fragen: Wie kommen die

Korallenstöcke in jene große Tiefe? Ein Absinken des Meeresbodens um etwa zwei Kilometer wäre eine Erklärung. Sollte es ein bloßer Zufall sein, daß sich genau in dieser Tiefe das Azorenplateau befindet?

Doch sehen wir uns weiter um. Der Mittelatlantische Rücken wird an mehreren Stellen von großen Plateaus flankiert. Diese könnten ehemals riesige vom Meer umspülte Terrassen gewesen sein. In diesem Falle hätte die Erosionswirkung des Atlantiks die Ränder der Plateaus geformt. Die Tatsache, daß auf beiden Seiten des Atlantischen Rückens unterschiedlich beschaffene Sedimente anzutreffen sind, spricht dafür, daß dieses Gebirgsmassiv, zumindest größere Teile davon, für längere Zeit über den Meeresspiegel hinausragten.

An einzelnen Stellen des Meeresbodens fand man sehr junges Lavagestein. Sein Alter von nur 1000 bis 15 000 Jahren ist ebenfalls ein Indiz für das Absinken des Atlantikgrunds. Denn dieses Gestein kann sich nur an Luft, nicht jedoch unter Wasser bilden.

Schließlich ist es das Material aus Bohrproben, das nicht zu widerlegende Beweise liefert. Aus dem Bodenschlamm des Plateaus um die St. Peter- und St. Paul-Insel isolierte man Überreste von Mikroorganismen, die nur im Flachwasserbereich leben können. Wenn sie heute in etwa 2300 Meter Tiefe aufzufinden sind, ist das ein gewichtiger Hinweis für eine Absenkung des Plateaus um eben diesen Betrag.

Bohrproben, die eine schwedische Forschungsexpedition im Äquatorbereich dem Meeresboden entnahm, enthielten sogar heute noch verkommende Süßwasserdiatomeen. Die sedimentierten Kieselalgen, die im Pleistozän, also bis vor etwa 12 000 Jahren, lebten, zeigen ganz klar, daß die tiefgreifenden geologischen Veränderungen erst später, vor wenigen tausend Jahren erfolgt sein können. Eigenartig wirkt daher der folgende Versuch, diesen so überzeugenden Befund zu entkräften. Bekannt ist, daß starke Luftströmungen feinen Staub aus der Sahara schon mehr als einmal bis nach Mitteleuropa getragen haben. Stürme sollen den Staub aus ausgetrockneten Süßwasserseen in Afrika aufgewirbelt und bis zum Atlantischen Rücken geweht haben. Dieser Staub soll die Kieselalgen der Bohrproben geliefert haben! Vermutlich haben sich die Gegner der Absenkungshypothese nicht überlegt, wie klein die Fläche eines Süßwassersees im Vergleich zur Sahara ist und wie weit entfernt der Atlantische Rücken; schließlich verteilen Meeresströmungen die Staubpartikel, die den mittleren Atlantik erreicht haben. Wieviel Kieselalgenstaub dürfte bei der zu erwartenden Verdünnung dann wohl noch für die kleine Querschnittsfläche des Bohrkerns übrig bleiben?

Werfen wir einen Blick auf die Inseln im Südatlantik, so liefern diese gleich mehrere interessante Argumente. So besitzt die Insel Ascension neben vulkanischem Gestein auch Blöcke aus basischem Granit, einem charakteristischen Kontinentalgestein. Wir müssen uns daher zu Recht fragen, ob sich nicht unter der Insel Teile der Festlandskruste befinden!

Die winzigen Inseln St. Peter und St. Paul bestehen aus einem Gesteinsmaterial, das nicht der Erdkruste, sondern dem äußeren Erdmantel entstammt (Abb. 55). Altersbestimmungen ergaben ein Gesteinsalter von 3,7 Milliarden Jahren. Erinnern wir uns, daß die Bodenschlammproben von dem zugehörigen Plateau ein Absinken um mehr als zwei Kilometer nahelegten. Die heutigen Felsinseln wären demnach nichts anderes als die Spitzen ehemaliger hoher Berge, die aus der Ebene einer gewaltigen Insel emporragten.

Die Insel Tristan da Cunha schließlich hat Felsen aus Gneis, einem typischen Festlandsgestein, vorzuweisen sowie Reste von Landpflanzen, die im Tertiär wuchsen. Bei der Lage dieser Insel scheiden mit Sicherheit Eiszeitgletscher als Gesteinslieferanten aus. Das Vorkommen von Gneis erhärtet infolgedessen den Verdacht auf Festlandsmaterial im Untergrund auch von dieser Insel. Im Bereich der Antillen konnte ein Forschungsteam der Duke University 1969 den exakten Beweis für einen kontinentalen Gesteinsgrund erbringen. Die Wissenschaftler hatten den sogenannten Aves-Rücken, der sich von Venezuela aus zu den Jungferninseln hin erstreckt, an verschiedenen Stellen angebohrt. Das Bohrergebnis widerlegte eindeutig die Vorstellung, daß der Aves-Rücken und die auf ihm befindlichen ostkaribischen Inseln vom

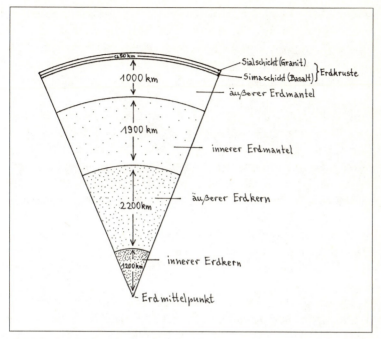

Abb. 55: Ein Blick in das Erdinnere

Meeresboden aus emporgewachsen sind. In diesem Falle hätten die Bohrungen nämlich Basalt zutage fördern müssen. Statt dessen enthielten die Bohrkerne das Kontinentalgestein Granit. Die Antillen erweisen sich daher als die Bergspitzen eines im Meer versunkenen Kontinentstückes.

Wann wurden die Anden emporgehoben?

Völlig offen bleibt für uns vorläufig die Frage, vor wieviel tausend Jahren die vermutlich sehr plötzliche Absenkung erfolgte. Muck und andere Autoren schlossen sich der Meinung Platons an und nahmen als Zeitpunkt ungefähr 8 500 v. Chr. an. Die Süßwasseralgen der Atlantikbohrproben könnten ein Beleg für die Richtigkeit

163

dieser Datierung sein. Auch das bereits erwähnte Mammutsterben in Nordsibirien sowie ein Mastodonsterben in Bolivien wurden als Stütze für diesen Zeitpunkt herangezogen. Im Hochland von Bolivien hatte man eine Anhäufung von Skeletten des heute ausgestorbenen Mastodon gefunden. Für den offensichtlichen Massentod dieser elefantenähnlichen Tiere gibt es eine einleuchtende Erklärung. Als Folge eines Meteoriteneinschlages vor etwa 11 000 Jahren wurde der Westteil Südamerikas um rund drei Kilometer angehoben. Die Weidegründe der Tiere gerieten hierdurch ganz unvermittelt in ein rauhes Hochgebirgsklima. Diesem extremen Klimawechsel fielen die Mastodonten zum Opfer. Dabei dürfen wir allerdings nicht vergessen, daß diese Alterswerte Schätzungen sind, die aus einer Zeit stammen, als noch keine zuverlässigen Radiokarbondatierungen möglich waren. Es ist ebensogut möglich, daß die zugrundeliegende Naturkatastrophe einige tausend Jahre später eintrat. Für diese Vermutung gibt es bemerkenswerte Gründe.

Beginnen wir mit einer der umstrittensten archaischen Stätten, mit Tiahuanaco. Diese Ruinenstadt liegt in der Nähe des Titicacasees im Bergland Boliviens. Der Titicacasee selbst ist nicht minder rätselhaft. Auf dem Grund dieses 3810 Meter hoch gelegenen Sees entdeckten Taucher ausgedehnte Hafenanlagen. Sie bestanden aus hohen Wällen, gepflasterten Wegen und rund 30 parallel verlaufenden Kaimauern, die mit einem halbmondförmigen Fundament in Verbindung standen. Es sind Steinformationen, wie man sie auch auf der Bahamabank fand. Sollte die gleiche Kultur, die in vorgeschichtlicher Zeit im Bereich der Antillen umfangreiche Baukomplexe geschaffen hatte, auch diese Anlagen hier errichtet haben? An den Berghängen bei Tiahuanaco ziehen sich Terrassen entlang, auf denen früher einmal Getreide angebaut worden war. Diese Terrassen reichen bis in 5600 Meter Höhe, bis über die *Schneegrenze* hinaus. Da das Klima in diesem Gebiet auch vor Jahrtausenden nicht günstiger war, als es heute ist, erscheint eine derartige Terrassenhöhe völlig ohne Sinn, es sei denn, man nimmt eine Anhebung des bolivianischen Hochlands um mehrere tausend Meter an. Diese kann dann allerdings nicht vor 11 000 Jahren erfolgt sein, denn damals gab es in Südamerika noch keinen landwirtschaftlichen Anbau. Die Kultivierung von Nutzpflanzen nahm dort erst vor etwa 8000 Jahren ihren Anfang. Auch die Hafenmauern im Titicacasee dürften wesentlich jünger sein. Wann aber könnten jene gravierenden geologischen Veränderungen erfolgt sein? Wie wir im folgenden sehen werden, deutet manches darauf hin, daß vor annähernd 6000 Jahren ein Ereignis eintrat, das sich dem Gedächtnis der damaligen Erdbewohner unauslöschlich einprägte. Dieser Zeitpunkt paßt gut zu den landwirtschaftlich genutzten Terrassen in den Anden. Um 4000 v. Chr. baute man Nutzpflanzen wie Mais und Bohnen bereits feldmäßig an. Zur gleichen Zeit wurde offensichtlich auch auf der gegenüberliegenden Seite des Atlantiks die Megalithkultur von einer Naturkatastrophe betroffen. Umgestürzte Menhire, vor allem der zerbrochene Riesenmenhir von Locmariaquer in der Bretagne bezeugen das Auftreten ungewöhnlicher Zerstörungskräfte. Außer naturwissenschaftlichen Argumenten gibt es noch andere gewichtige Gründe, die gegen einen Untergang dieser ersten Hochkultur am Ende der Eiszeit sprechen. Die Menschen waren zu diesem Zeitpunkt weltweit Jäger und Sammler und noch nicht seßhaft. Abgesehen von Lagerplätzen, die zum Teil für längere Zeit genutzt wurden, gab es keine größeren Siedlungsgemeinschaften. Bei einer Bevölkerungsdichte von 0,3 Menschen pro Quadratkilometer können wir auch keine größeren Ansiedlungen erwarten.

Auf der Suche nach dem Zeitpunkt

Platons Atlantisinsel bestand zum großen Teil aus einer Ebene von 540 Kilometern Länge und 360 Kilometer Breite, die rund drei Millionen Menschen beherbergte. Aus diesen Daten errechnet sich eine Bevölkerungsdichte von etwa 15 Einwohnern pro Quadratkilometer. Dieser Wert hätte den der durchschnittlichen Weltbevölkerung um das rund 50fache übertroffen. Erst 4000 Jahre später, also ca. 6000 v. Chr., hat die Bevölkerung eine derartige Dichte erreicht, das heißt, erst ab diesem Zeitpunkt ist die Bildung eines großen Inselstaates gut vorstellbar. Dies um so mehr, als in dieser Zeit schon große, historisch belegte Siedlungen existierten wie Catal Hüyük in Anatolien, das auf einer Fläche von 13 Hektar annähernd 7000 Einwohner zählte.

Ein weiteres Argument gegen einen Untergang vor 11 000 oder 12 000 Jahren ergibt sich aus den zu erwartenden Überlieferungsschwierigkeiten. Es ist nämlich äußerst unwahrscheinlich, daß kleinere, zerstreut lebende und umherziehende Menschengruppen in der Lage sind, der Nachwelt über Jahrtausende hinweg detaillierte Berichte zu überliefern. Vor 6000 Jahren dagegen finden wir an den verschiedensten Stellen der Erde dörfliche Siedlungen, zwischen denen ausgeprägte Kontakte, insbesonders Handelsbeziehungen bestanden. Catal Hüyük war beispielsweise bereits vor 7000 Jahren ein Handelszentrum für Obsidian, Feuerstein, Kupfer und Muscheln. Schon 4500 v. Chr. wurden in Jugoslawien Kupferminen betrieben. Fertige Kupfergegenstände wurden damals vom Balkan quer durch Europa bis Dänemark exportiert. Im alten China ließ sich ein Transport der begehrten Jade bis zu 3000 Kilometer Entfernung nachweisen. Um 5500 v. Chr. breitete sich der Anbau von Weizen und Gerste von Kleinasien über ganz Nordafrika aus. Schließlich wurde Obsidian auf dem Seeweg im gesamten Mittelmeergebiet gehandelt.

Wenn zu diesem späteren Zeitpunkt ein großes Inselreich durch eine Katastrophe ausgelöscht wurde, dann waren in Nachbarregionen zahlreiche Menschen von den Auswirkungen betroffen. Flutwellen, sintflutartige Niederschläge, Erdbeben und Vulkanausbrüche wurden jetzt von vielen registriert, und die Zahl der Opfer war groß. Dank der intensiveren Kontakte und Kommunikationsmöglichkeiten wurde das Ereignis weltweit überliefert.

Hinzu kommt, daß Überlebende des Untergangs jetzt eine echte Chance besaßen, ihren hohen Wissensstand anderen, im Entstehen begriffenen Kulturen erfolgreich zu vermitteln. Mächtige Gottkönige oder Priesterfürsten, denen wir im 4. Jahrtausend v. Chr. bereits begegnen, dürften mathematisch-astronomischen Kenntnissen sowie einer präzisen Vermessungs- und Bautechnik, die einer Machterweiterung dienten, sicher mehr Aufmerksamkeit geschenkt haben, als dies von einer nichtseßhaften Jägerkultur zu erwarten ist.

Auch waren nun die Voraussetzungen für ein Verständnis der Leistungen jener frühen Hochkultur und für eine Verwertbarkeit um vieles günstiger als am Ende der Eiszeit. Die sogenannte *Neolithische Revolution* trug bereits Früchte. Die Seßhaftigkeit der Menschen wurde zur Regel. Jäger und Sammler entwickelten sich zu Ackerbauern und Viehzüchtern. Befestigte größere Siedlungen erlaubten nicht nur intensivere soziale Bezüge, sondern förderten auch eine Spezialisierung. Diese wiederum führte zu Fortschritten auf technischem und künstlerischem Gebiet und bot eine günstige Basis für die Aufnahme von Anregungen, die von außen herangetragen wurden (vergleiche Kapitel »Die Nachfolger«).

Der so häufig vertretene Untergangstermin am Ende der Eiszeit ist letztlich auf Platons Atlantisbericht zurückzuführen. Wie wir im Kapitel »Auf der Suche nach der Heimat« sahen, beruhen die 9000 Jahre vor Solon, die Platon als Zeitpunkt des Atlantisuntergangs erwähnt, auf dem Fehler, daß er die Dauer ägyptischer Pharaonengenerationen, also Regierungszeiten, an den »normalen« Generationen seiner Zeit maß. Nach Aussage der ägyptischen Priester kam es zur Atlantiskatastrophe, als das ägyptische Reich bereits existierte, dies hieße aber im 3. Jahrtausend v. Chr.

Temple, der den Ursprüngen der zentralafrikanischen Dogon nachging (siehe Kapitel »Die Erforscher der Gestirne«), kommt zu dem Schluß, daß die Vorfahren der Dogon ihr erstaunliches astronomisches Wissen in Ägypten bereits während der vordynastischen Zeit, das heißt vor 3200 v. Chr., erlangt haben. Den Angehörigen der Negade- oder Amrah-Kultur, die damals im Niltal lebten und zweifellos nicht in der Lage waren, derartige Erkenntnisse selbst zu erwerben, müssen daher fremde Quellen zur Verfügung gestanden haben.

Interessant ist in diesem Zusammenhang, daß um 3400 v. Chr. die Invasion einer fremden Kultur ins Niltal erfolgte, einer Kultur, die Träger der Horus-Religion war und später die Pharaonenherrschaft begründete. Sollten hier die Quellen zu finden sein?

Alles zusammen deutet jedenfalls darauf hin, daß der Zeitpunkt für den Untergang der ersten Hochkultur vor 5000 bis 6000 Jahren zu suchen ist.

Von Utnapischtim, Noah und anderen Sintflutberichten

Verschiedene Sintflutberichte liefern nicht nur weitere Belege für eine große Naturkatastrophe in vorgeschichtlicher Zeit, sondern erlauben zugleich eine Eingrenzung des Zeitbereichs. Die älteste schriftlich festgehaltene Sintflutüberlieferung finden wir im sogenannten Gilgamesch-Epos. Der größte Teil dieses Epos wurde auf zwölf Tontafeln entdeckt, die man in Ninive aus den Ruinen der Bibliothek des Assyrerkönigs Assurbanipal ausgrub. Diese Tafeln haben ein Alter von rund 2650 Jahren. Ältere Aufzeichnungen der Legende reichen bis 1800 v. Chr. zurück. Gilgamesch, der sagenhafte Held dieser Erzählung, gilt als Sohn einer Göttin und eines menschlichen Vaters. Möglicherweise ließ er als König von Uruk deren mächtige Stadtmauer um 2800 v. Chr. erbauen. Betrachten wir zunächst die wesentlichen Teile dieser ersten Darstellung einer alles vernichtenden Flut:

Utnapischtim sprach zu ihm, zu Gilgamesch:
»Ein Verborgenes, Gilgamesch, will ich dir eröffnen,
Und der Götter Geheimnis will ich dir sagen.
Schuruppak – eine Stadt, die du kennst,
Die am Ufer des Euphrat liegt –,
Diese Stadt war schon alt, und die Götter waren ihr nah.
Eine Sintflut zu machen, entbrannte das Herz den großen Göttern.
…
Mann von Schuruppak, Sohn Ubara-Tutus!
Reiß ab das Haus, erbau ein Schiff,
Laß fahren Reichtum, dem Leben jag nach!
Besitz gib auf, dafür erhalt das Leben!
Heb hinein allerlei beseelten Samen ins Schiff!
Das Schiff, welches du erbauen sollst –

Dessen Maße sollen abgemessen sein,
Gleichgemessen seien ihm Breite und Länge;
Du sollst es wie das Apsû bedachen.
Da ichs verstanden, sprach ich zu Ea, meinem Herrn:
Das Geheiß, Herr, das du mir gegeben,
Ich achtete wohl darauf und werde danach tun.
…
Kaum daß ein Schimmer des Morgens graute,
Versammelt' zu mir sich das Land.
Der Zimmermann brachte die Holzpfosten,
Der Bootsbauer brachte die Klammern.
Das Kind trug herzu das Erdpech,
Der Arme … brachte den Bedarf heran.
Am fünften Tage entwarf ich des Schiffes Außenbau;
Ein »Feld«, groß war seine Bodenfläche,
Je zehnmal zwölf Ellen ins Geviert der Rand seiner Decke.
Ich entwarf seinen Aufriß und stellte es dar:
Sechs Böden zog ich ihm ein,
In sieben Geschosse teilt' ich es ein.
Seinen Grundriß teilte ich neunfach ein.
Wasserpflöcke schlug ich ihm ein in der Mitte
Für Schiffsstangen sorgt' ich, legte nieder den Bedarf:
Sechs Saren Erdpech goß für den Ofen ich dar,
Drei Saren Pech tat ich hinein;
…
Bei Sonnenaufgang legte ich Hand an, das Letzte zu tun;
Das Schiff war fertig am siebenten Tag bei Sonnenuntergang.
…
Was immer ich hatte, lud ich darein:
Was immer ich hatte, lud ich darein an Silber,
Was immer ich hatte, lud ich darein an Gold,
Was immer ich hatte, lud ich darein an allerlei Lebenssamen:
Steigen ließ ich ins Schiff meine ganze Familie und die
    Hausgenossen,
Wild des Feldes, Getier des Feldes,
Alle die Meistersöhne hab ich hineinsteigen lassen.

…
Kaum daß ein Schimmer des Morgens graute,
Stieg schon auf von der Himmelsgründung schwarzes Gewölk,
In ihm drin donnert Adad.
Vor ihm her ziehen Schullat und Chanisch.
Über Berg und Land als Herolde ziehen sie.
Eragal reißt den Schiffspfahl heraus,
Ninurta geht, läßt das Wasserbecken ausströmen,
Die Anunnaki hoben Fackeln empor,
Mit ihrem grausen Glanz das Land zu entflammen.
Die Himmel überfiel wegen Adad Beklommenheit,
Jegliches Helle in Düster verwandelnd;
Das Land, das weite, zerbrach wie ein Topf.
Einen Tag lang wehte der Südsturm…
Eilte dreinzublasen, die Berge ins Wasser zu tauchen,
Wie ein Kampf zu überkommen die Menschen.
Nicht sieht einer den andern,
Nicht erkennbar sind die Menschen im Regen.
…
Sechs Tage und sieben Nächte
Geht weiter der Wind, die Sintflut,
Ebnet der Orkan das Land ein.
Wie nun der siebente Tag herbeikam,
Schlug plötzlich nieder der Orkan die Sintflut, den Kampf,
Nachdem wie eine Gebärende wie um sich geschlagen,
Ruhig und still ward das Meer,
Der böse Sturm war aus und die Sintflut.
Ausschau hielt ich einen Tag lang, da war Schweigen ringsum,
Und das Menschengeschlecht war ganz zu Erde geworden!
Gleichmäßig war wie ein Dach die Aue.
Da tat ich eine Luke auf, Sonnenglut fiel aufs Antlitz mir;
Da kniete ich nieder, am Boden weinend,
Über mein Antlitz flossen die Tränen. —
Nach Ufern hielt ich Ausschau in des Meeres Bereich:
Auf zwölfmal zwölf Ellen stieg auf eine Insel,
Zum Berg Nißir trieb heran das Schiff.

Der Berg Nißir erfaßte das Schiff und ließ es nicht wanken;
Einen Tag, einen zweiten Tag erfaßte der Berg Nißir das Schiff und
    ließ es nicht wanken;
Einen dritten Tag, einen vierten Tag erfaßte der Berg Nißir das
    Schiff und ließ es nicht wanken;
Einen fünften und sechsten erfaßte der Berg Nißir das Schiff und
    ließ es nicht wanken.
Wie nun der siebente Tag herbeikam,
Ließ ich eine Taube hinaus;
Die Taube machte sich fort – und kam wieder:
Kein Ruheplatz fiel ihr ins Auge, da kehrte sie um. –
Eine Schwalbe ließ ich hinaus;
Die Schwalbe machte sich fort – und kam wieder:
Kein Ruheplatz fiel ihr ins Auge, da kehrte sie um. –
Einen Raben ließ ich hinaus;
Auch der Rabe machte sich fort; da er sah, wie das Wasser sich
    verlief,
Fraß er, scharrte er, hob den Schwanz und kehrte nicht um.
Da ließ ich hinausgehn nach den vier Winden; ich brachte ein
    Opfer dar,
Ein Schüttopfer spendete ich auf dem Gipfel des Berges:
Sieben und abermals sieben Räuchergefäße stellte ich hin,
In ihre Schalen schüttete ich Süßrohr, Zedernholz und Myrte.«

Rund 1000 Jahre später wurde die alttestamentarische Sintfluterzählung im 6. bis 8. Kapitel des ersten Buches Moses aufgezeichnet. Vergleichen wir sie auszugsweise mit der Darstellung des
Gilgamesch-Epos, so fallen uns erstaunliche Übereinstimmungen
auf.

»Da sprach Gott zu Noah: Alles Fleisches Ende ist vor mich
kommen; denn die Erde ist voll Frevels von ihnen; und siehe da,
ich will sie verderben mit der Erde.
Mache dir einen Kasten voll Tannenholz, und mache Kammern
drinnen, und verpiche ihn mit Pech inwendig und auswendig.
Und mache ihn also: Drei hundert Ellen sei die Länge, fünfzig Ellen
die Weite und dreißig Ellen die Höhe. Ein Fenster sollst du dran

machen, obenan, einer Elle groß. Die Thür sollst du mitten in seine Seite setzen. Und soll drei Boden haben, einen unten, den andern in der Mitte, den dritten in der Höhe.

Denn siehe, ich will eine Sintflut mit Wasser kommen lassen auf Erden, zu verderben alles Fleisch, darin ein lebendiger Odem ist, unter dem Himmel. Alles, was auf Erden ist, soll untergehen.

Aber mit dir will ich einen Bund aufrichten; und du sollst in den Kasten gehen mit deinen Söhnen, mit deinem Weibe und mit deiner Söhne Weibern.

Und du sollst in den Kasten thun allerlei Tiere von allem Fleisch, je ein Paar, Männlein und Weiblein, daß sie lebendig bleiben bei dir. Von den Vögeln nach ihrer Art, von dem Vieh nach seiner Art und von allerlei Gewürm auf Erden nach seiner Art: von den allen soll je ein Paar zu dir hineingehen, daß sie leben bleiben.

Und du sollst allerlei Speise zu dir nehmen, die man isset, und sollst sie bei dir sammeln, daß sie dir und ihnen zur Nahrung da sei.

Und Noah that alles, was ihm Gott gebot.

…

Da kam die Sintflut vierzig Tage auf Erden, und die Wasser wuchsen, und huben den Kasten auf, und trugen ihn empor über die Erde.

Also nahm das Gewässer überhand, und wuchs sehr auf Erden, daß der Kasten auf dem Gewässer fuhr.

Und das Gewässer nahm überhand, und wuchs so sehr auf Erden, daß alle hohen Berge unter dem ganzen Himmel bedeckt wurden. Fünfzehn Ellen hoch ging das Gewässer über die Berge, die bedeckt wurden.

Da ging alles Fleisch unter, das sich reget auf Erden, und alle Menschen. Alles, was einen lebendigen Odem hatte auf dem Trockenen, das starb.

Also ward vertilget alles, was auf dem Erdboden war, vom Menschen an bis auf das Vieh und auf das Gewürm und auf die Vögel unter dem Himmel, das ward alles von der Erde vertilget. Allein Noah blieb über, und was mit ihm in dem Kasten war.

Und das Gewässer stund auf Erden hundert und fünfzig Tage. Da gedachte Gott an Noah und an alle Tiere und an alles Vieh, das mit ihm in dem Kasten war, und ließ Wind auf Erden kommen, und die Wasser fielen;

Und die Brunnen der Tiefe wurden verstopft samt den Fenstern des Himmels, und dem Regen vom Himmel ward gewehret;

Und das Gewässer verlief sich von der Erde immer hin, und nahm ab nach hundert und fünfzig Tagen.

Am siebzehnten Tag des siebenten Monats ließ sich der Kasten nieder auf das Gebirge Ararat.

Es nahm aber das Gewässer immer mehr ab bis auf den zehnten Monat. Am ersten Tag des zehnten Monats sahen der Berge Spitzen hervor.

Nach vierzig Tagen that Noah das Fenster auf an dem Kasten, das er gemacht hatte.

Und ließ einen Raben ausfliegen; der flog immer hin und wieder her, bis das Gewässer vertrocknete auf Erden.

Darnach ließ er eine Taube von sich ausfliegen, auf das er erführe, ob das Gewässer gefallen wäre auf Erden.

Da aber die Taube nicht fand, da ihr Fuß nicht ruhen konnte, kam sie wieder zu ihm in den Kasten; denn das Gewässer war noch auf dem ganzen Erdboden. Da that er die Hand heraus, und nahm sie zu sich in den Kasten.

Da harrte er noch andre sieben Tage, und ließ abermal eine Taube fliegen aus dem Kasten.

Die kam zu ihm um Vesperzeit, und siehe, ein Ölblatt hatte sie abgebrochen, und trug's in ihrem Munde. Da vernahm Noah, daß das Gewässer gefallen wäre auf Erden.

Aber er harrte noch andre sieben Tage, und ließ eine Taube ausfliegen; die kam nicht wieder zu ihm.

Im sechs hundert und ersten Jahr des Alters Noahs, am ersten Tage des ersten Monats vertrocknete das Gewässer auf Erden. Da that Noah das Dach von dem Kasten, und sah, daß der Erdboden trocken war.

…

Also ging Noah heraus mit seinen Söhnen und mit seinem Weib und seiner Söhne Weibern;

Dazu allerlei Tier, allerlei Gewürm, allerlei Vögel und alles, was auf Erden kriecht, das ging aus dem Kasten, ein jegliches mit seines gleichen. Noah aber baute dem Herrn einen Altar, und nahm von allerlei reinem Vieh und von allerlei reinem Gevögel, und opferte Brandopfer auf dem Altar.«

So wie Utnapischtim auf Eas Geheiß ein Schiff von rund sechzig Meter Kantenlänge baute, ist es im biblischen Sintflutbericht Noah, der dem Auftrag Gottes folgend eine Arche vergleichbarer Größe zimmerte. Beide Auserwählte beluden ihr mehrstöckiges Wasserfahrzeug mit ihren Angehörigen und zahlreichen Tierarten. Der Ablauf der Sintflut ist in beiden Erzählungen ähnlich. Die steigenden Wasserfluten vernichteten die Menschheit. Beide Archen strandeten auf einem Berg. Sowohl Utnapischtim als auch Noah sandten Tauben und einen Raben aus und brachten nach glücklicher Rettung ein Dankopfer dar. Es ist ganz offensichtlich, daß sich der biblische Text auf die sumerischen Überlieferungen stützt. Auch in der Rigveda, einem mehr als 3000 Jahre alten indischen Text, wird von einer bevorstehenden Zeit berichtet, in der die Menschheit im Wasser versinken soll. Ein Heiliger erhält den Auftrag, eine Arche zu bauen, sie mit sieben Weisen zu besteigen und sämtliche Sämereien mitzunehmen.

Augustinus erwähnt um 420 n. Chr. eine große Weltflut zur Zeit des Königs Phoroneus, die auch als Sintflut des Ogyges bekannt ist. Bei diesem Naturereignis, das mit einem Himmelsbrand verbunden war, soll auch die Bewegung des Planeten Venus beeinflußt worden sein. Nach Alexander Braghine fand die Flut des Ogyges vor etwa 6000 Jahren statt.

In den Überlieferungen des südamerikanischen Stammes der Ugha Mongulala ist von der Erscheinung eines großen Sternes die Rede, der leuchtend rot über den Himmel zog. Anschließend habe eine 13 Monate während Regenflut die gesamte Menschheit vernichtet. Nur ein Mensch namens Madus konnte zusammen mit je einem Paar von zahlreichen Tierarten auf einem selbstgebauten Floß überleben.

Dem Bericht des arabischen Historikers Scherif-El-Edrissi zufolge stieg bei einer Flutkatastrophe in grauer Vorzeit der Meeresspiegel um fast 2000 Meter und zerstörte viele Küstenstädte.

Nach Homet schließlich besagt eine Legende der Hyperboreer: »Als die Flut flüssigen Feuers über die Vogulen, die Usbeken von Kamtchatka und die Tlingits von Alaska kam, flohen sie in einer Arche, die sieben Decks hatte.«

Da in der gesamten Welt weit mehr als 200 Sintflutberichte existieren, kann es sich nicht um bloße Legenden handeln. Es muß ihnen ein reales Ereignis, eine Naturkatastrophe ungewöhnlichen Ausmaßes, zugrunde liegen.

Leonard Woolley liefert den Beweis

Im Zweistromland, in dem die Sintfluterzählung des Gilgamesch-Epos beheimatet ist, konnte Sir Leonard Woolley im Jahr 1929 den Nachweis für eine gewaltige Überschwemmung erbringen.

Unter dem Königsfriedhof von Ur, dessen Gräber um 2800 v. Chr. angelegt worden waren, versuchte Woolley durch umfangreiche Grabungen die vorausgegangenen Kulturstufen zu erforschen. Innerhalb der ersten sieben Meter Tiefe stieß er auf acht aufeinanderfolgende Bauschichten mit Resten von Häusern (Abb. 56, s. nächste Seite). Darunter lag eine sechs Meter dicke Schicht angefüllt mit Tonscherben und Fragmenten von Brennöfen. In mittlerer Höhe ließen die aufgefundenen Keramikbruchstücke eine schwarze und rote Bemalung auf gelbem Grund erkennen, wie sie charakteristisch für die Dschemdet-Nasr-Kultur ist. In den tieferen Schichten waren nur einfarbige Scherben in den Tönen Rot, Grau und Schwarz anzutreffen sowie eine Töpferscheibe, beides ein Hinweis auf die Uruk-Kultur. Schließlich wechselte die Beschaffenheit der Keramik nochmals. Sie zeigte Merkmale der handgefertigten Obed-Gefäße, allerdings mit stark vereinfachten Mustern, die bereits deutlich einen kulturellen Verfall erkennen ließen. Unter dieser letzten Fundzone stießen Woolleys Mitarbeiter auf eine 2,5 bis 3,5 Meter dicke Schicht aus angeschwemmtem Schlamm, die völlig frei von Kulturspuren war. Als sie weitergru-

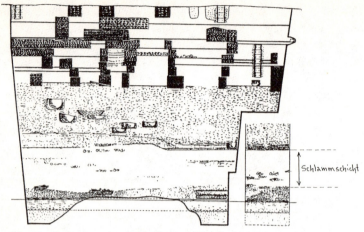

Schlammschicht

Abb. 56: Die Spuren der Sintflut bei Ur (Woolley, L.: Excavations at Ur)

ben, kamen unter dieser Schwemmschicht nochmals Feuerstein-
geräte, Keramikreste und Tonfiguren zum Vorschein, diesmal aber
in vollendeter Ausführung der Obed-Kultur (Abb. 57, s. Bildteil).
Aus diesem Grabungsbefund konnte Woolley die Ereignisse, die
vor mehr als fünf Jahrtausenden in Mesopotamien stattgefunden
hatten, deutlich herauslesen: Seit etwa 6300 Jahren lebten die
ersten Siedler in der Euphrat-Tigris-Ebene (Abb. 58) in Dörfern mit
einfachen Schilfhütten. Nur auf einzelnen Hügeln, die aus der
Ebene herausragten, entstanden befestigte Siedlungen. Eine
gewaltige Flut, Woolley schätzte ihre Höhe auf mindestens
7,5 Meter, überschwemmte die gesamte, etwa 600 Kilometer
lange und 150 Kilometer breite Ebene und vernichtete die Obed-
Kultur fast vollständig. Nur in den erhöht gelegenen Orten gab es
Überlebende. Diese wenigen, ihrer Lebensgrundlage beraubten
Menschen vermischten sich mit den aus dem Norden kommenden
Einwanderern der Uruk-Kultur. Deren fortschrittliche Technik –
sie beherrschten die Kupferverarbeitung und die Keramikherstel-
lung mit der Töpferscheibe – verdrängte allmählich die Überreste
der Obed-Kultur.
Da inzwischen eine Datierung der einzelnen Kulturstufen möglich

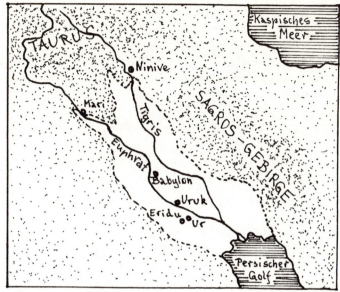

Abb. 58: Die Euphrat-Tigris-Ebene

ist, läßt sich der Zeitpunkt der mesopotamischen Sintflut bestimmen. Sie muß in der Spätphase der Obed-Zeit, um 3700 v. Chr., erfolgt sein.

Diese Naturkatastrophe wird häufig als regional begrenztes Ereignis eingestuft. Doch woher kommen so plötzlich die gewaltigen Wassermengen? Woolley selbst betont, daß es sich aufgrund der mächtigen Schwemmschicht um keine der gelegentlich bei starken Regenfällen auftretenden Überschwemmungen handeln kann. Bei der von ihm angegebenen Mindestwasserhöhe ergibt sich für die Euphrat-Tigris-Ebene eine Wassermenge von 675 Billionen Litern gleich 675 Kubikkilometern, die kurzfristig freigesetzt wurden. Auf welchem Wege geschah dies, wenn nicht durch eine überregionale Katastrophe? Es gibt eine Reihe von Argumenten, die für ein weltumfassendes Ereignis sprechen. Zum einen hat 1956 Muck die Wassermassen berechnet, die erforderlich sind, um eine 2,5 Meter dicke Ablagerungsschicht zu hinterlassen. Er kommt dabei auf den rund 70fachen Wert von Woolleys Schätzung. Hieraus ergibt sich eine Fluthöhe von 500 Metern, die beim besten Willen nicht durch ein örtlich begrenztes Geschehen zu erklären ist. Zum anderen fand man auch an anderen Stellen der Erde ähnliche alluviale Schwemmschichten. So entdeckte Z. Nuttal schon um die Jahrhundertwende in Mexiko eine entsprechende Ablagerungsschicht. Ein weiteres Argument liefern die bereits erwähnten Sintflutberichte, die neben verheerenden Regenfällen häufig auch Feuerregen, niederstürzende Himmelskörper sowie Erd- und Seebeben verzeichnen.

Ein derartig zerstörerisches Naturereignis muß zumindest vorübergehend klimatische Auswirkungen gezeigt haben.

Hilfe durch die Dendrochronologie?

Wie wir bereits eingangs dieses Kapitels sahen, bleiben bei dem Einschlag eines Großmeteoriten durch die in der Atmosphäre verteilte ungeheure Staubmenge kurzfristige Klimaänderungen nicht aus. Bei einer Katastrophe, die sich vor annähernd 5700 Jahren ereignet hat, müßten diese Klimaschwankungen heute mit Hilfe der Dendrochronologie nachweisbar sein. Diese interessante Methode der Altersbestimmung (siehe Kapitel »Im Zeitalter der Meßtechnik«) erlaubt anhand der unterschiedlichen Jahresringbreite von Bäumen das Alter von Hölzern bis etwa 9000 v. Chr. zu bestimmen. Die Dendrochronologie nutzt dabei die Tatsache, daß das Wachstum der Bäume von den klimatischen Umweltbedingungen abhängig ist. Kälte oder Trockenheit beispielsweise führen zu einem langsameren Wachstum und damit zu einer geringeren Breite der Jahresringe. Es liegt daher nahe, daß auch eine Naturkatastrophe bei der Bildung der Jahresringe ihre Spuren hinterlassen haben dürfte. Was verraten uns die Jahresringe? Können sie uns tatsächlich einen Hinweis geben? Betrachten wir eine Jahresringkurve von Nadelhölzern in der Schweiz (Abb. 59), so ist um 3650 v. Chr. eine plötzliche starke Verringerung der Jahresringbreite erkennbar.

Fossile Mooreichen aus dem Oyther Moor bei Vechta (Nord-

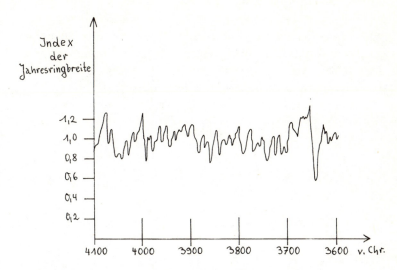

*Abb. 59: Schwankungen der Jahresringbreite bei fossilen Lärchen aus Grächen/
Schweiz (nach F. H. Schweingruber/E. Schär)*

deutschland) geben Hinweise auf den Beginn einer sogenannten
Naßphase, eine Klimaverschlechterung, um 3700 v. Chr.
Ein Großmeteoriteneinschlag auf der Erde müßte abrupte Ände-
rungen der Jahresringbreite auch noch in anderen Regionen der
Erde verursacht haben. Um diese nachweisen zu können, sind
genau datierte Jahresringchronologien der verschiedenen Gebiete
erforderlich. Zwar sind bis jetzt von etlichen Forschungsinstituten
Baumringchronologien entwickelt worden, die sich über mehrere
Jahrtausende erstrecken, doch leider sind bei den meisten dieser
Meßkurven die Altersangaben noch relativ. Das bedeutet, man
kann sie nur bedingt miteinander vergleichen. Bei einer weit in die
Vergangenheit zurückreichenden Chronologie, die eine absolute
Datierung ermöglicht, nämlich der Süddeutschen Eichenchro-
nologie von Professor Bernd Becker in Hohenheim, sind die
detaillierten Klimauntersuchungen noch nicht abgeschlossen
und bislang nicht veröffentlicht. Wir müssen uns daher mit ersten Teilergebnissen zufriedengeben.

179

Es stehen der Forschung noch weitere Möglichkeiten zur Verfügung, Veränderungen im Klima der Nacheiszeit festzustellen. Aus Analysen von Blütenpollen, Veränderungen in Mooren und Vorstößen bzw. Abschmelzvorgängen von Gletschern gelang es den Forschern, den nacheiszeitlichen Klimaverlauf zu erfassen. Dabei registrierten sie in den Alpen den Beginn einer Kälteperiode Mitte des 4. Jahrtausends v. Chr. Die Abbildung 60 zeigt uns Klima-

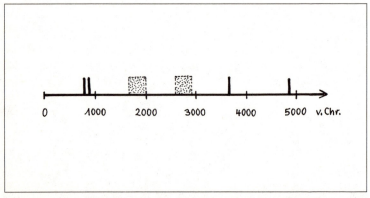

Abb. 60: Nacheiszeitliche Klimaschwankungen auf der Nordhalbkugel der Erde. (Die senkrechten Striche markieren die Klimaschwankungen) (nach B. Frenzel)

wechsel, die während der letzten 7000 Jahre auftraten. Deutlich erkennen wir eine Klimaschwankung um 3650 v. Chr.
Auch wenn die ersten Ergebnisse noch keinen eindeutigen Beweis für den genauen Zeitpunkt liefern können, so sind sie doch zumindest ein weiteres Indiz für eine Naturkatastrophe, die vor knapp 6000 Jahren über die Antiliden hereinbrach.
Schließlich sollten wir in diesem Zusammenhang nicht die jüngsten Untersuchungen über das Aussterben des Mammuts vergessen. Bislang nahm man an, daß die Erwärmung nach der letzten Eiszeit und der zunehmende Jagderfolg des Steinzeitmenschen diese Tierart vor 9500 Jahren aussterben ließ. Kürzlich fand man auf der Wrangel-Insel im Sibirischen Eismeer zahlreiche Mammutstoßzähne und -knochenreste. Altersbestimmungen mit der C 14-

180

beziehungsweise Radiokarbonmethode (s. a. X. Kapitel) zeigten zur allgemeinen Überraschung, daß diese Tiere bis vor 5700 Jahren lebten. Das heißt, das Mammut verschwand zum gleichen Zeitpunkt von unserer Erde, als ein vernichtendes Naturereignis die Antiliden auslöschte.

Damals traf zum wiederholten Male im Laufe der Erdgeschichte ein Riesenmeteorit die Erde. Als Folge des verheerenden Aufpralls senkte sich der Meeresboden im mittleren Atlantik um rund 2000 Meter. Die Großinsel der Azoren versank mit sämtlichen Bewohnern in den Fluten. Das zweite Zentrum der Antiliden wurde nicht minder stark in Mitleidenschaft gezogen. Auch im Bereich der Bahamas finden wir nämlich Hinweise auf eine beträchtliche Höhenverlagerung. So entdeckten französische Forscher mit dem Unterwasserboot Archimède am Steilabfall der Großen Bahama-Bank in 400 Meter Tiefe Treppen aus bearbeiteten Steinen. Sie mußten vor dem Untergang über dem Meeresspiegel gelegen haben. Ein zweiter Befund spricht ebenfalls für ungewöhnliche Verwerfungen in dieser Erdregion. Unterwasserhöhlen im Bereich der Bahamas enthalten Tropfsteine, die zum Teil zerbrochen sind. Den Forschern fiel auf, daß sie schräg von den Höhlendecken herabhingen. Nun weiß man aber, daß Tropfsteine nur in luftgefüllten Hohlräumen entstehen können. Sie wachsen im Laufe der Jahrtausende langsam in senkrechter Richtung, indem durch das Verdunsten von heruntertropfendem Wasser Kalziumkarbonat entsteht. Die Befunde in den Höhlen sind daher nur verständlich, wenn wir annehmen, daß nach dem Entstehen der Tropfsteine die Bahama-Bank aus der ursprünglich waagerechten Lage plötzlich in eine Schräglage gekippt wurde. Dabei sanken die Höhlen unter den Meeresspiegel. Die Antiliden, die nicht beim Absinken ihrer Insel im Meer untergingen, wurden durch eine gewaltige Flutwelle in den Tod gerissen.

Welche Ausmaße Flutwellen erreichen können, wissen wir aus Naturkatastrophen, die sich in geschichtlicher Zeit ereigneten. Als 1883 ein Vulkanausbruch die Pazifikinsel Krakatau zersprengte, wurden 18 Kubikkilometer vulkanisches Material ausgeworfen. Eine Flutwelle von 35 bis 40 Meter Höhe lief als Folge dieses

Vulkanausbruchs durch den Pazifik. Noch in 18 000 Kilometer Entfernung wurde sie registriert. Bei der Explosion der Mittelmeerinsel Thera im 15. Jahrhundert v. Chr. betrug die Höhe der Flutwelle, die über die Küsten Kretas hereinbrach, sogar annähernd 100 Meter.

Eine ähnliche, wenn nicht noch größere Höhe dürften die Wassermassen erreicht haben, die vor fast 6000 Jahren die Kultur der Antiliden vernichteten. Auch die Bewohner der Kolonien an den Küsten Amerikas, Europas und Nordafrikas bekamen die vernichtende Kraft der Flutwellen zu spüren. Nur sehr wenige Antiliden dürften dem Untergang entronnen sein. Diese kleine Schar Überlebender war es, die im Laufe der nächsten Jahrhunderte nicht nur ihre schrecklichen Erlebnisse, sondern auch ihr Wissen und ihr technisches Können anderen Kulturen überlieferte.

VIII

Die große
Verwandtschaft

Katastrophenberichte auf beiden Seiten des Atlantiks

Es ist auffallend, wie viele Völker auf beiden Seiten des Atlantiks Überlieferungen besitzen, nach denen ihre Vorfahren von einem in diesem Meer versunkenen Inselreich abstammen. So erfahren wir beispielsweise von dem griechischen Historiker Diodorus Siculus, daß mehrere Stämme der Gallier ihre Ursprungsheimat auf einer untergegangenen Atlantikinsel sahen. Auch die Waliser und die britischen Kelten besitzen Legenden von einer sagenhaften herrlichen Insel namens Avalon. Die Basken halten sich ebenfalls für Nachfahren der Atlanter, und die Ureinwohner der Kanarischen Inseln berichteten den Spaniern, als diese sie im 15. Jahrhundert unterwarfen, daß ihre Vorfahren nur durch die Flucht auf hohe Berge eine Untergangskatastrophe überlebt hätten. Diodorus ist es wieder, der uns bemerkenswerte Einzelheiten über den nordafrikanischen Schott El-Djerid zu berichten weiß. Er nennt diesen heute verlandeten See »Bahr Atala«, was soviel bedeutet wie »Meer von Atala«. Hier lebte das alte Volk der Atlanter. Die aufgefundenen Skelette weisen die Merkmale des atlanto-mediterranen Typs auf. Die höchste Gottheit dieses Stammes war Poseidon, »der aus dem Westen kam«. Schließlich besitzen die Berber Nordafrikas Erzählungen von Attala, eines im Meer gelegenen, mit Bodenschätzen gesegneten Königreiches, das einer Katastrophe zum Opfer fiel.

Auf der anderen Seite des Atlantiks ist die Zahl der Berichte über einen atlantischen Ursprung nicht geringer. Aus den Überlieferungen der Tolteken und ihrer kulturellen Erben, den Azteken, und auch der Olmeken geht hervor, daß ihre Vorfahren aus einem östlichen Land stammten. Die Azteken nannten es Aztlán und stellten es auf Abbildungen als bergige Insel dar. Der Codex Popul Vuh, das heilige Buch der Maya, verrät uns, daß der mittelamerikanische Stamm der Quiché in der Frühzeit von einer atlantischen Insel nach Guatemala gelangte. Die Tarianas (Mexiko) glauben an ihre Herkunft aus der sagenhaften Stadt Tulan, die vom Meer umgeben im Nordosten Mexikos lag und ihren Ahnen einst ein goldenes Zeitalter bescherte. Verschiedene Sagen nordamerikanischer Indianerstämme berichten von ihrem Ursprung auf einer östlichen Insel. Ebenso kommen die im Codex Tira erwähnten Wandervölker stets über das Meer aus dem Osten.

Wie sich die Sprachen gleichen

Nicht minder eindrucksvoll ist die Namensähnlichkeit, die bei der Benennung dieses atlantischen Inselreiches durch die verschiedenen Kulturvölker auftritt:

Antilla (Phönizier)
Amenti (Ägypter)
Arallu (Babylonier)
Avalon (Kelten)
Atli (Wikinger)
Attala (Berber)
Atlaintika (Basken)
Atlantida (Portugiesen)
Ad (Araber)
Aztlán (Azteken)

Beachtlich ist die Zahl der Ortsnamen und Wörter, die einen Hinweis auf jene rätselhafte Insel geben: Atalaya (auf den Kanarischen Inseln) und Atalaya (ein Hügel im Baskenland), Atlan (in Venezuela) und Azatlán (in Wisconsin/USA). Westlich der Antillen gibt es auf dem amerikanischen Festland mehrere hundert Wörter, die mit der Silbe »Atl« beginnen.

Sollte angesichts dieser Tatsachen nicht vielleicht doch dem Popol Vuh Glauben geschenkt werden, in dessen Mythen und Legenden erzählt wird, daß nach der großen Katastrophe viele der Überlebenden nach dem Westen, ein Teil von ihnen aber auch nach dem Osten ausgewandert seien? Weitere interessante Rückschlüsse erlauben Sprachvergleiche zwischen Sprachen Amerikas und der alten Welt. So groß die Unterschiede oft auch sein mögen, so findet man doch immer wieder verblüffende Lautübereinstimmungen von Wörtern bei gleicher Wortbedeutung. Einige Beispiele mögen dies veranschaulichen:

Alte Welt	Bedeutung	Neue Welt	Bedeutung
theos (Griechen)	Gott	teo (Tolteken)	Gott
melek (Araber)	König	malko (versch. Indianerstämme)	König
bileam (Hebräer)	Magier	balaam (Maya)	Priester
akh (Ägypter)	grün werden	aak (Maya)	grün
akhaka (Ägypter)	Nacht	akab (Maya)	Nacht
ban (Ägypter)	Herde	ban (Maya)	Herde
khann (Ägypter)	Sturm	kaan (Maya)	Sturm
kemken (Ägypter)	sehr stark	kemken (Maya)	stark
papilio (Römer)	Schmetterling	papalotl (Azteken)	Schmetterling
omichle (Griechen)	Wolke	mixtli (Azteken)	Wolke
theon kalia (Griechen)	Haus Gottes	teocalli (Azteken)	Haus der Götter
schamasoh (Phönizier)	Sonnengott	chamesch versch. Stämme	Sonnengott
tepe (Usbeken)	Hügel	tepek (Zapoteken)	Hügel
andi (Ägypter)	Hochebene	andi (Ketschua)	hoher Berg
lak lak (Sumerer)	Reiher	llake llake (Ketschua)	Reiher
men (Ägypter)	gefunden	men (Quiché)	gefunden
mu (Ägypter)	Wasser	mu (Quiché)	naß
ti (Ägypter)	Platz, Ort	ta (Quiché)	Ort
sheb (Ägypter)	geschnitten	cheb (Quiché)	geschnitten
tata (Singhalesen)	Vater	tete (Azteken)	Vater

187

Derartige Übereinstimmungen werden vielfach als Hinweis auf einen gemeinsamen atlantischen Ursprung der betreffenden Völker gewertet. Verschiedene Sprachwissenschaftler hingegen nehmen sie eher als Indiz für eine ehemalige gemeinsame Ursprache.

Auf der Suche nach der Ursprache

In den letzten Jahren haben die Sprachforscher Joseph H. Greenberg und Merrit Ruhlen die Verwandtschaft von Sprachen näher untersucht. Dabei gelang es ihnen, die vielen tausend Sprachen der Welt in nur wenigen Sprachfamilien zusammenzufassen. So vereinigten sie beispielsweise die mehr als 600 Dialekte der Indianer zu drei großen Sprachfamilien oder die 500 indoeuropäischen Sprachen sogar zu einer einzigen Großfamilie. Die Erfolge dieser Sprachforscher gehen aber noch weiter. Inzwischen gelang es Greenberg, 15 Sprachfamilien aus Europa und Asien zu der eurasischen Superfamilie zu verbinden. Doch damit sehen die Linguisten ihr Ziel noch nicht erreicht. Vermutlich läßt sich diese sprachliche Großeinheit noch um die nordafrikanischen und die Sprachen der Indianer zu einer nostratischen, sprich urverwandten Superfamilie erweitern. Der letzte Schritt dieser linguistischen Vergleiche steht allerdings noch aus. Es wäre der Nachweis, daß alle Sprachen einer gemeinsamen Ursprache entstammen. Doch die Forscher sind auch in dieser Hinsicht optimistisch. Ganz geklärt ist die Frage noch nicht, wann und wo diese erste Ursprache gesprochen wurde. Manche Linguisten meinen, daß dies bereits vor 100 000 Jahren in Afrika der Fall war. Von dort aus soll sie sich zunächst nach Asien und Europa ausgebreitet haben. Interessant ist, daß sich die Sprachen der Basken und der Sumerer in kein Schema einordnen lassen. Nach Meinung der Sprachforscher dürften sie schon sehr früh von den übrigen Sprachen isoliert worden sein.

Erbmerkmale verraten die Wiege
des modernen Menschen

Seit einigen Jahren wird die Suche nach einem Stammbaum der
Sprachen durch genetische Untersuchungen unterstützt. Drei Forschergruppen versuchen durch Analysen der Erbsubstanz den
Entwicklungsweg des heutigen Menschen und seine Ausbreitung
herauszufinden. Luigi L. Cavalli-Sforza von der Universität Stan-
ford und seine Mitarbeiter stützen sich bei ihrer Arbeit auf die
Unterschiede im *Genbestand* verschiedener menschlicher Rassen: Zwei Rassen oder Populationen unterscheiden sich in ihren
Erbanlagen um so stärker voneinander, je weiter sie sich von
einem gemeinsamen Ursprung wegentwickelt haben. Diese
Unterschiede in der Erbsubstanz bezeichnet man als genetische
Distanz. Am Beispiel des *Rhesusfaktors* wollen wir uns diesen
Begriff veranschaulichen. Im Baskenland sind 25 Prozent der Bevölkerung rhesus-negativ, in England 16 Prozent und in Ostasien
nahezu null Prozent. Die genetische Distanz zwischen Basken
und Engländern wäre demnach 9 Prozent und zwischen Basken
und Ostasiaten sogar 25 Prozent, also rund 2,8mal so groß. Natürlich kann die genetische Distanz nicht von einem einzelnen Gen
abgeleitet werden. Cavalli-Sforzas Forschergruppe stützte sich auf
über 100 Erbanlagen und 1800 menschliche *Populationen*.
Zusammen mit Keneth und Judith Kidd von der Yale University
entwickelte diese Forschungsgruppe noch ein zweites, ganz
anders geartetes Untersuchungsverfahren. Es analysiert direkt die
Sequenzen der Erbsubstanz im Zellkern, der sogenannten *Desoxyribonukleinsäure*, auch kurz DNS, häufiger DNA (in diesem Fall
steht A für das engl. acid) genannt.
Ein drittes, ebenfalls molekulargenetisches Verfahren wurde von
Allan C. Wilson und seinen Mitarbeitern in Berkeley ausgearbei-
tet. Es überprüft die DNA aus den *Mitochondrien* der Zellen. Die in
ihr enthaltenen Gene werden fast nur vom weiblichen Geschlecht
vererbt. Dadurch läßt sich speziell die Stammesentwicklung der
Frauen verfolgen. Mit dieser Methode könnte es eines Tages
möglich sein, die Merkmale der am Entwicklungsanfang stehen-

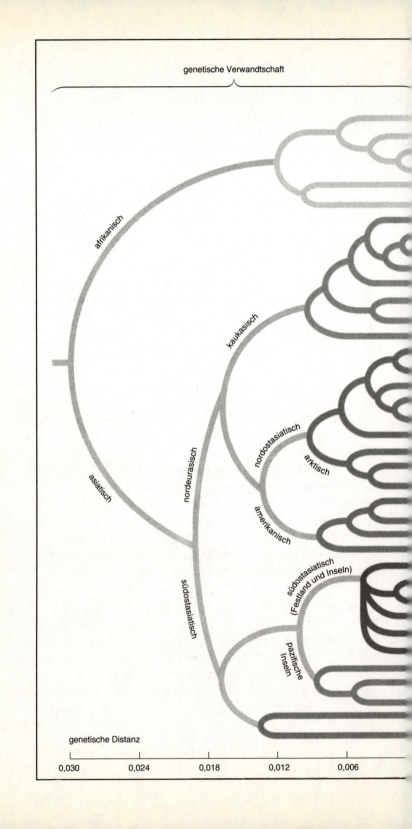

genetische Verwandtschaft

afrikanisch

kaukasisch

asiatisch

nordeurasisch

nordostasiatisch

arktisch

amerikanisch

südostasiatisch
(Festland und Inseln)

südostasiatisch

pazifische
Inseln

genetische Distanz

0,030   0,024   0,018   0,012   0,006

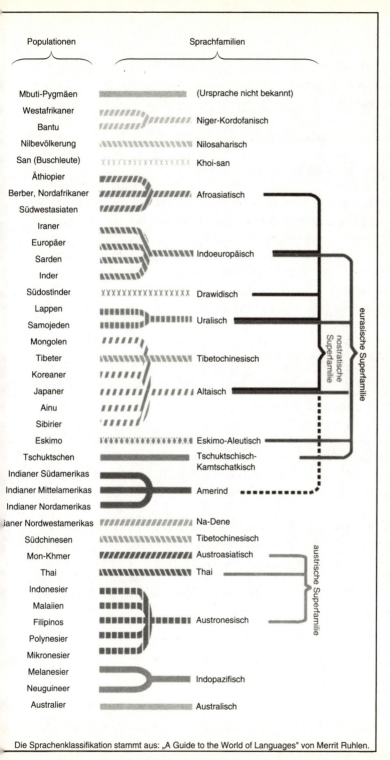

Populationen	Sprachfamilien
Mbuti-Pygmäen	(Ursprache nicht bekannt)
Westafrikaner	
Bantu	Niger-Kordofanisch
Nilbevölkerung	Nilosaharisch
San (Buschleute)	Khoi-san
Äthiopier	
Berber, Nordafrikaner	Afroasiatisch
Südwestasiaten	
Iraner	
Europäer	
Sarden	Indoeuropäisch
Inder	
Südostinder	Drawidisch
Lappen	
Samojeden	Uralisch
Mongolen	
Tibeter	Tibetochinesisch
Koreaner	
Japaner	Altaisch
Ainu	
Sibirier	
Eskimo	Eskimo-Aleutisch
Tschuktschen	Tschuktschisch-Kamtschatkisch
Indianer Südamerikas	
Indianer Mittelamerikas	Amerind
Indianer Nordamerikas	
Indianer Nordwestamerikas	Na-Dene
Südchinesen	Tibetochinesisch
Mon-Khmer	Austroasiatisch
Thai	Thai
Indonesier	
Malaiien	
Filipinos	Austronesisch
Polynesier	
Mikronesier	
Melanesier	
Neuguineer	Indopazifisch
Australier	Australisch

eurasische Superfamilie

nostratische Superfamilie

austrische Superfamilie

Abb. 61: Genetische und sprachliche Verwandtschaft beim Menschen (Laurie Grace)

Die Sprachenklassifikation stammt aus: „A Guide to the World of Languages" von Merrit Ruhlen.

den Stammesmutter des modernen Menschen zu rekonstruieren. Auch wenn es bis dahin noch ein langer Weg sein dürfte, so sind die bisherigen Ergebnisse schon spektakulär genug. Zunächst fiel auf, daß die mit so unterschiedlichen Methoden erzielten Befunde ausgezeichnet übereinstimmen. Am verblüffendsten war für die Forscher jedoch die Übereinstimmung genetischer Daten mit den Ergebnissen der Sprachforscher. Wie Abbildung 61 auf der vrohergehenden Doppelseite zeigt, lassen sich den genetisch verwandten Rassen die entsprechenden Sprachfamilien eindeutig zuordnen. Darüber hinaus konnten die Genetiker die von den Sprachwissenschaftlern angenommene Urheimat des modernen Menschen bestätigen. Sie liegt in Afrika. Auch über den Entwicklungsweg und dessen zeitlichen Ablauf lassen sich bereits konkrete Aussagen machen: Vor rund 100 000 Jahren erfolgte eine Trennung zwischen Afrikanern und Asiaten. Von diesen spalteten sich vor etwa 50 000 Jahren die Australier ab, während es vor annähernd 35 000 Jahren zu einer Aufspaltung zwischen Asiaten und Europäern kam. Nicht viel später entstanden die ersten Uramerikaner.

Interessanterweise sind es wiederum die Basken, denen auch die Genforscher eine Sonderstellung bescheinigen. Die Basken erwiesen sich als der älteste Volksstamm Europas, mit genetischen Merkmalen, wie sie die Europäer am Anfang ihrer Stammesentwicklung besaßen. Einzelne Forscher wie Colin Renfrew vermuten, daß die Basken infolge ihrer Randlage an der Westküste Europas den genetischen Einflüssen der aus dem Osten kommenden Einwanderer widerstehen konnten. Doch warum gilt dies dann nicht auch für die Spanier, die Portugiesen und auch teilweise für die Franzosen? Sollten die Basken womöglich doch, so wie sie es selbst vermuten, direkte Nachfahren eines untergegangenen atlantischen Reiches sein? Auch die geringe genetische Distanz zwischen zahlreichen Populationen rund um den Atlantik verträgt sich gut mit den Vorstellungen von einem versunkenen Inselreich. Vielleicht läßt sich in den nächsten Jahren bei intensiver Zusammenarbeit von Linguisten, Genetikern und Ethnologen auch dieses Problem lösen.

Die Stufenpyramide von Sakkara in Ägypten. Um 2600 v. Chr. wurde unter Pharao Djoser die erste große Stufenpyramide erbaut (Max Hirmer) (Abb. 73)

Der rätselhafte Tragstein vom »Table des Marchands«. Dieser große Tragstein befindet sich in einem Megalithheiligtum, das um 3500 v. Chr. erbaut wurde (Klaus Aschenbrenner) (Abb. 74)

Die großen Menhire von Carnac. In der Bretagne gibt es kilometerlange Steinalleen, die jeweils aus über 1000 Menhiren bestehen. Die größten Menhire sind mehr als vier Meter hoch (Klaus Aschenbrenner) (Abb. 77)

Ornamente in dem Megalithheiligtum Gavrinis. Der gesamte Innenraum ist mit derartigen grandiosen Felsgravierungen bedeckt. Es sind vermutlich Symbole eines uralten Sonnenkultes (Klaus Aschenbrenner) (Abb. 80)

Die riesigen Steinkugeln von Costa Rica. Diese bis zu mehr als zwei Meter großen perfekt geformten Granitkugeln wurden zu Tausenden von einer bislang unbekannten uralten Zivilisation angefertigt und in der Landschaft zu geometrischen Mustern angeordnet (The Illustrated London News) (Abb. 81)

Die Rundpyramide von Cuicuilco. Diese in Mexiko gelegene Stufenpyramide wurde, wie Radiokarbonmessungen ergaben, bereits vor 4600 Jahren erbaut, das heißt zeitgleich mit den ägyptischen Pyramiden (Cia Mexicana Aerofoto S. A.) (Abb. 82)

Das Megalithheiligtum von Gavrinis. Diese 5500 Jahre alte Anlage wurde aus Bruchsteinen errichtet, die gleiche Bauweise wie bei der Rundpyramide von Cuicuilco (Klaus Aschenbrenner) (Abb. 83)

Die Stufenpyramide in Aspero. Die Rekonstruktion zeigt, daß bereits um 2600 v. Chr. an der Küste Perus riesige stufenförmige Tempelanlagen erbaut wurden (Times Atlas of Archaeology) (Abb. 84)

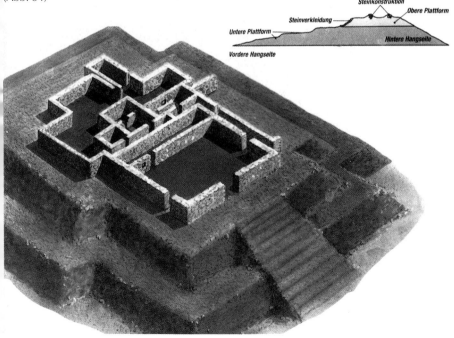

Felsbilder einer unbekannten Kultur. Bei Loltun auf der Halbinsel Yukatan enthalten einige Höhlen prähistorische Felszeichnungen, die von Vertretern einer unbekannten Steinzeitkultur angefertigt wurden (Herb Sawinski) (Abb. 86)

Uralte gravierte Steine. In Höhlen einer kleinen Insel vor der Nordküste Haitis fand man eigenartige gravierte Steine. Ebenso unbekannt wie die Hersteller ist der Verwendungszweck dieser Gesichter (links) und Tiere (rechts) (Sammlung und Fotos Herb Sawinski) (Abb. 87)

Erschwerend bei all diesen Untersuchungen wirkt die Tatsache, daß man bei wiederholten oder länger anhaltenden Kontakten zwischen verschiedenen Bevölkerungsgruppen mit Veränderungen der sprachlichen und genetischen Merkmale rechnen muß. Und derartige Kontakte hat es im Laufe der Jahrtausende immer wieder gegeben. Sogar die großen Ozeane vermochten keine trennende Barriere zu bilden. Das zeigt uns besonders anschaulich das Beispiel Amerikas.

Woher kamen die ersten Amerikaner?

Die ersten Seefahrer, die vor mehr als 30 000 Jahren amerikanischen Boden betraten, waren Menschen des Cro-Magnon-Typs. Wer ihnen als nächster folgte, wissen wir nicht mit Sicherheit. Wahrscheinlich kam es vor 4000 bis 5000 Jahren zu einer ersten Landung von Bewohnern Asiens in Amerika. In Mohenjo Daro, einem der beiden Zentren der Induskultur, fand man die Alabasterfigur eines kauernden alten Mannes, bei dem es sich um Bes, den Gott des Lachens, handelt. Eine entsprechende Darstellung dieses Gottes Bes entdeckte man sowohl in Mexiko (Abb. 62, s. Bildteil) als auch auf den Antillen und in Südamerika. Auch Befunde aus dem Bereich der Botanik sprechen für ein frühes Eintreffen asiatischer Besucher. So wird der in Indien beheimatete Flaschenkürbis seit ungefähr 2500 v. Chr. in Peru angebaut. Ein direkter Transport von Früchten über das Meer kann ausgeschlossen werden, da Experimente mit verschiedenen Früchten und Samen ergaben, daß diese bei längerem Aufenthalt in Salzwasser ihre Keimfähigkeit verlieren. Die Früchte müssen daher von Schiffsbesatzungen als Reiseproviant mitgenommen worden sein. Ähnliches gilt auch für die Baumwolle, die bereits von der Induskultur angepflanzt wurde und aus ihrer indischen Heimat nach Amerika gelangte. Zumindest wurde, wie die Untersuchung der Chromosomen ergab, die indische Form in die amerikanische Baumwollzuchtform zu einem sehr frühen Zeitpunkt eingekreuzt. Schließlich spricht manches dafür, daß auch der Mais von Zentralasien und die Kokospalme von Südostasien aus in frühgeschichtlicher Zeit den Weg über den Pazifik in die Neue Welt gefunden haben.

Japanische Fischer vor 4000 Jahren in Ecuador

Im 3. Jahrtausend v. Chr. dürfte es den ersten Japanern gelungen sein, das amerikanische Festland zu betreten. In Ecuador legten Archäologen in der Nähe von Valdivia eine Siedlung frei, die Keramik aus der japanischen Jomonkultur enthielt. Es ist daher zu vermuten, daß diese uralte Siedlung japanischen Fischern ihre Entstehung verdankt, die von der Meeresströmung an die amerikanische Westküste getrieben worden waren.

Ägypter in Südamerika

Als nächste Besucher Amerikas kommen die Ägypter in Frage. Um 1490 v. Chr. umsegelte unter dem Pharao Thutmosis III. eine ägyptische Flotte Afrika. Auch die Kanarischen Inseln wurden wahrscheinlich rund 240 Jahre später von den Ägyptern angesteuert. Mit Hilfe des kräftigen Nordost-Passatwindes konnte eines der seetüchtigen ägyptischen Schiffe (Abb. 63) von diesen Inseln aus relativ rasch nach Mittelamerika gelangen, wobei offenbleibt, inwiefern dies freiwillig geschah. Dafür, daß derartige Schiffsfahrten tatsächlich erfolgten, sprechen mehrere ägyptische Inschriften, die Homet im Amazonasgebiet entdeckte (Abb. 64).

Zu Beginn des ersten vorchristlichen Jahrtausends waren es bereits Vertreter mehrerer Kulturkreise, die auf dem Seeweg erfolgreich nach Amerika vorstießen. Lassen bereits die Olmeken selbst gewisse negroide Züge erkennen, so legt der bei Veracruz in Mexiko gefundene Kopf (Abb. 65, s. Bildteil) ein beredtes Zeugnis dafür ab, daß Afrikaner vor fast 3000 Jahren nach Amerika gelangten. In Peru trat etwa 1000 v. Chr. die Chavín-Kultur recht unvermittelt in das Licht der Geschichte. Etwa zur gleichen Zeit herrschte in China die frühe Chou-Dynastie. Tierfiguren aus der peruanischen Chavín-Kultur und der chinesischen Chou-Periode (3.–12. Jahrhundert v. Chr.) zeigen derartige Ähnlichkeiten einschließlich der Ornamentik (Abb. 66, s. übernächste Seite), daß

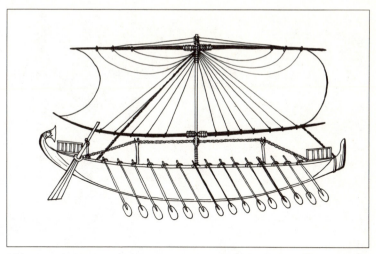

Abb. 63: Ein altägyptisches Schiff
Mit ihren seetüchtigen Schiffen fuhren die Ägypter durch das Mittelmeer und
entlang der afrikanischen Küste. Vermutlich gelangten sie auch nach Amerika.

Teil einer Inschrift in ägyptischer Sprache, mit aus Asien stammenden Namen.

Teil von einem Pendentif desselben Königs.

Teil einer Inschrift, in der Mia-mum, die Stadt des Ramses, erwähnt wird (Ägypten).

Teil einer Kartusche des Psusennes (Ägypten).

Teil einer Kartusche des Sethi (Ägypten).

Teil einer Kartusche von Ramses II. (Ägypten).

Teil einer Kartusche des Merneptah (Ägpten). Von Psusennes übernommen.

Abb. 64: Ägyptische Hieroglyphen in Südamerika
(Homet, F.: A la poursuite des dieux solaires)

Abb. 66: Stilähnlichkeit zwischen Chavín-Kultur (links) und Chou-Dynastie
(Breuer, H.: Kolumbus war Chinese)

man hierfür eine Koinzidenz, daß heißt eine gleichzeitige, voneinander unabhängige Entstehung, schwerlich annehmen kann.
Gegen Ende der Chavín-Kultur im 6. Jahrhundert v. Chr. trat ganz
unvermittelt eine hochentwickelte Technik des Kupfergusses auf,
ein Metallverarbeitungsverfahren, dessen Entwicklung in anderen
Kulturkreisen annähernd zwei Jahrtausende erforderte. Dieser
ungewöhnliche technologische Fortschritt wird eigentlich nur
plausibel, wenn man annimmt, daß es nach rund 300 Jahren zu
erneuten intensiven Kontakten zwischen China und Südamerika
gekommen war. Betrachten wir die chinesischen Schiffe jener
Zeit, so stoßen wir sowohl auf Doppelkanus von mehr als 20 Meter
Länge, die bis zu 50 Besatzungsmitgliedern Platz boten, als auch
auf leistungsfähige zweimastige Schiffe. Beide Bootstypen eignen
sich für eine Überquerung des Pazifiks. Präkolumbianische Plasti-
ken mit typisch chinesischen Gesichtsmerkmalen (Abb. 67, s.
Bildteil), die man in Mittelamerika fand, bestätigen eine frühe
Berührung mit China.

Phönizische Handelsplätze in der Neuen Welt

Mindestens seit dem 9. Jahrhundert v. Chr. bestanden zwischen
den Phöniziern und dem amerikanischen Kontinent sehr enge
Beziehungen.
In La Venta, dem späteren religiösen Zentrum der Olmeken,
förderten die Ausgräber äußerst interessante Funde zutage. So

entdeckten sie mehrere Altäre; auf einem mit einer steinernen Seilleiste als Einfassung ist eine bärtige Gestalt mit aufgebogenen Schuhspitzen zu erkennen, auf einem anderen Altar sind Kinderopfer in reliefartiger Darstellung zu sehen. Als Entstehungszeit von La Venta gilt der Anfang des 9. Jahrhunderts v. Chr. Etwa zur gleichen Zeit waren derartige Bekleidungssitten und religiöse Gebräuche bei den Phöniziern und den Hethitern üblich. Ferner fällt auf, daß Quetzalcóatl, die Gefiederte Schlange, der als altmexikanischer Gott der Winde und Bringer des Wissens verehrt wurde, in seinen Darstellungen immer einen Bart trägt. Auch Tlaloc, der Regengott, wird mit Bart und einem Blitzstrahl in der Hand dargestellt. Es sind die gleichen Attribute, mit denen die Phönizier ihren Regengott Hadad versahen.

Im Inschriftentempel in Palenque wurde 1952 ein großer Sarkophag freigelegt. Seine Formen, insbesondere die seitlichen Einbuchtungen, entsprechen Steinsarkophagen aus phönizischen Gräbern. Besonders interessant ist ein als Grabbeigabe aufgefundenes Götterbild aus Jade. Nach Meinung der Archäologen handelt es sich um den Sonnengott Kinich Ahau, der von Mayas als erster Priester und Schutzgott der Wissenschaft und Schrift angesehen wurde. Ähnliche Götterbilder mit bärtigem Gesicht hat man in der Levante ausgegraben.

In den letzten Jahrzehnten entdeckte man in verschiedenen Teilen Mittelamerikas Tausende von Siegeln aus Ton. Ihre Form ist teils quaderförmig, teils zylindrisch wie die babylonischen Rollsiegel. Sie tragen sowohl gegenständliche wie abstrakte, geometrische Muster. Derartige Siegel wurden von den Phöniziern nicht nur zum Besiegeln von Geschäftsverträgen verwendet, sondern auch in großer Zahl exportiert.

Bei so zahlreichen Hinweisen auf Kleinasien des 1. Jahrtausends v. Chr. in Verbindung mit den Überlieferungen von einem weißen Gott, der aus dem Osten kam, sind wir geradezu gezwungen, einen Kontakt mit den Phöniziern anzunehmen (Abb. 68, s. Bildteil). Möglicherweise haben diese sogar schon im 9. Jahrhundert v. Chr. eine Handelskolonie auf mittelamerikanischem Boden errichtet.

Auch Südamerika liefert uns zahlreiche Belege für Kontakte mit den Phöniziern.

In der Nähe von Rio de Janeiro trägt ein hochgelegener Felsen eine phönizische Inschrift. Sie lautet: »Badezir aus dem phönizischen Tyros, der erste Sohn des Jethbaal.« Ein König Badezir regierte um 850 v. Chr. in Phönizien.

S. Ramov entdeckte während einer Amazonasexpedition nicht weniger als 2800 Inschriften phönizischen Ursprungs. Auf einer brasilianischen Küsteninsel befinden sich die Ruinen eines groß-angelegten phönizischen Kastells mit riesigen Hallen, die bis zu 150 Meter Länge und 25 Meter Höhe besaßen. Dies ist nur eine kleine Auswahl von Spuren, die von diesem genialen Seefahrer-volk hinterlassen wurden. Sie deuten darauf hin, daß es nicht nur zu sporadischen Besuchen kam, sondern daß vermutlich sogar ausgedehnte Handelsniederlassungen der Phönizier im 9. bis 8. Jahrhundert v. Chr. bestanden.

Die Wikinger und Kolumbus waren die letzten

Ungefähr 1800 Jahre später waren es die Wikinger, die Amerika für sich entdeckten. Nach neuesten Erkenntnissen erreichte im Jahr 986 n. Chr. Bjarni Herjulfson von Island aus mit einem Segelschiff die nordamerikanische Küste. Fünf Jahre später gelangte Leif Eriksson an die kanadische Labradorküste und weiter nach Vinland. Nach grönländischen Quellen hat ihm Herjulfsen die Fahrtroute angegeben.

Die letzten Wiederentdecker der Neuen Welt schließlich waren die Europäer am Ende des 15. Jahrhunderts. Als Christoph Kolumbus 1492 San Salvador erreichte, ahnte er sicher nicht, wie weit die Geschichte der Atlantik- und Pazifiküberquerungen zurück-reicht. Auch wenn er, wie vielfach vermutet wird, Kenntnis von westlich gelegenen Inseln oder Ländern und vielleicht sogar aufschlußreiche Seekarten besessen hatte.

Von Lotos, Schlangen und Menhiren

Sehr bemerkenswerte Ergebnisse auf einem ganz anderen Gebiet erbrachten die Untersuchungen von Homet. Nach ausgedehnten Forschungsreisen durch das Amazonasgebiet und weite Teile der Alten Welt gelangte er zu der Auffassung, daß es offensichtlich einst eine Urreligion gegeben hat, deren zentrale Gottheit die Sonne war. Vieles spricht seiner Meinung nach dafür, daß der Ursprung dieses alten Sonnenkultes in nördlichen Breiten, das heißt im Bereich der sagenhaften Hyperboreer, der Vorfahren der heutigen Polarvölker, zu suchen ist.

Die Attribute des hyperboreischen Sonnengottes Crom waren die Schlange, der Lotos und Phallussymbole in Form von Menhiren, Obelisken und Pyramiden. Vom Norden breitete sich die Sonnenreligion über Irland, die Bretagne nach Afrika, Ägypten, den gesamten Mittelmeerraum bis Asien und Polynesien aus. Später fand sie auch einen Weg nach Amerika, wo heute noch überall ihre Spuren zu finden sind.

Besonders im altägyptischen Kulturkreis gibt es Hinweise auf einen nordischen Ursprung des Sonnenkultes. So ist der ägyptische Sonnengott Ra als Nachfolger des nordischen Sonnengottes Crom anzusehen. Ra setzt nach altägyptischer Überlieferung jeden Tag, »von Norden kommend«, seinen Fuß auf die Erde. In einer Grabinschrift des Rehmara äußert der schakalköpfige Gott Anubis, daß er den auf einen Schlitten gestellten Sarkophag nordwärts zum Land des Horus ziehen wollte. Auch die Sonnenbarke sollte nach ägyptischer Auffassung im Westen ihren Weg jenseits des Himmels in nördlicher Richtung fortsetzen.

Im Amazonasgebiet fanden Homet und andere Forscher in Höhlen und an Felswänden zahlreiche Petroglyphen, die auf einen Sonnenkult bereits im Oberen Pleistozän, das heißt vor mindestens 12 000 Jahren, hinweisen. Typische Symbole wie die Schlange, eine Sonnenscheibe mit 35 Strahlen sowie Phallusdarstellungen wurden wiederholt angetroffen. Auch Abbildungen von Hirschen, die europäischen Felszeichnungen aus dem *Magdalénien* gleichen, sprechen für atlantische Verbindungen, will man nicht

Koinzidenzen in den verschiedenen Kulturen annehmen. Im Bereich der Flüsse Fresco und Xingu existiert ein der Sonnengottheit geweihtes Megalithzentrum mit großem Dolmen und rot bemalter Steinmauer. Anhand der gefundenen Werkzeuge ließ es sich auf etwa 10 000 v. Chr. datieren. Alexander von Humboldt entdeckte in Venezuela einen dem Sonnengott und einen dem Mond geweihten steiernen Monolithen, die Camosi und Keri benannt wurden. Zwei brasilianische Monolithe am Fluß Xingu, die ebenfalls Sonne und Mond zugeordnet sind, tragen die Namen Chamesch und Keri. Den Sonnengott Chamesch aus Venezuela, Brasilien und den Antillen finden wir in Phönizien als Schamasch wieder. Sogar eine spezifische Opferstätte der Sonnengötter Crom und Ra konnte Homet weltweit von den Malayischen Inseln über Indien, den Mittelmeerraum, ganz Europa bis zum amerikanischen Kontinent und der Osterinsel nachweisen. Es ist dies der Tepe, ursprünglich ein natürlicher, an der oberen Spitze abgeflachter Bergkegel, später ein künstlich errichteter Pyramiden- oder Kegelstumpf, auf dem die Menschen die göttliche Sonne anbeteten und ihr Opfer darbrachten. Ein wesentliches Merkmal dieser Menschen waren ihre Adlernasen und die gleichen Beerdigungsriten. Stets erfolgte eine Bestattung der mit rötlichem Ocker bemalten Toten in Fötalstellung.

Manche Ähnlichkeiten im kultischen Bereich sind jüngeren Datums, einige sind wahrscheinlich im Zusammenhang mit den Phöniziern zu sehen. So entspricht beispielsweise die skandinavische Sonnengöttin El oder Hel dem phönizischen Sonnengott El. In der Bretagne gab es einst den Sonnengott Bel oder Béal, zu dessen Ehren Riten an einem Ort Roch-Moloch, in der Nähe von Bal-Hol oder Belem, zelebriert wurden. Bei den Phöniziern war es der Gott Bel oder Baal und der Moloch, denen man Opfer darbrachte. Aus dem Codex Popul Vuh erfahren wir von Menschenopfern im dem Sonnengott geweihten Monat Moloch, um reiche Ernte zu erbitten.

In hyperboreischen Sagen wird der Sonnengott von Schwänen begleitet. In den indischen Veden findet man den Gott Hamsa in der Gestalt eines Schwans. Der Gott Schiwa ist mit Croms Attributen, der Schlange und dem Lotos, umgeben. Auf der westlichen Seite des Atlantiks enthält der von den Mayas verfaßte Codex Troano einen elefantenköpfigen Gott, inmitten eines Kranzes von Sonnenstrahlen und von einer Schlange begleitet. Auch die mehr als 6000 Jahre alte Megalithkultur kannte einen Sonnenkult, wie zahlreiche Menhire, Cromlechs und Schlangensymbole beweisen. In Persien gilt Mithras als Schöpfer der Sonnenreligion und Sohn des Sonnengottes. In Südamerika waren es die Arawaken, die aus Nordamerika kommend die Sonnenkultur von Tiahuanaco schufen. Die Liste der Belege für eine weltumspannende, einer gemeinsamen Wurzel entspringenden Sonnenreligion ließe sich noch lange fortsetzen. Homet glaubt, daß diese Religion das Leben der ersten menschlichen Hochkultur bestimmte und nach deren Untergang von den Überlebenden weitergegeben wurde. »Die Bücher, die beim Wiederaufbau der Kultur diese Religion widerspiegeln, etwa die Upanishaden, das Popul Vuh, die Codices, die Bibel, die Veden und die Sagas – all diese Schriften oder Legenden halten ein Fenster geöffnet, das den Blick auf die Große Gottheit vergangener Zeiten freigibt.

Und so geschah es, daß die Menschheit bei der Erneuerung des Lebens unter der Herrschaft Croms und Ras wieder alles in den Stand der Göttlichkeit erhob, was an den Großen Gott und Vater erinnerte; sie baute auf die Menhire, Säulen und Stäbe, Phalli, Obelisken und Pyramiden und wurde sich wieder des einen Gottes, der Sonne, bewußt.«

IX

Die Nachfolger

Einzigartige Kunstwerke der Sumerer

Es war ein klarer Maitag des Jahres 1878. Bei wolkenlosem Himmel lag drückende Hitze über einem Grabungshügel im Irak. Der französische Archäologe E. de Sarzec ließ wieder, wie an den vergangenen Tagen, seine Arbeiter mit Hacke und Spaten vorsichtig eine Erdschicht nach der anderen abtragen. Plötzlich öffnete sich ein Hohlraum. Dieser war, wie de Sarzec beim Weitergraben erkannte, mit einer Unmenge kleiner Tontafeln angefüllt. Und jede dieser Tafeln war über und über mit Schriftzeichen bedeckt. Mit Zeichen, die später ob ihres Aussehens den Namen Keilschrift erhielten. De Sarzec hatte, wie sich herausstellte, die Tontafelbibliothek von Lagasch, in Südmesopotamien, entdeckt.

Im Laufe der nächsten Jahre stieg die Zahl der aufgefundenen Tafeln auf 30 000 Stück an. Und dies war nur eine der inzwischen entdeckten Keilschriftbibliotheken. In Nippur und anderen alten Städten der Sumerer fanden Archäologen ähnlich umfangreiche Tontafelsammlungen. Das Alter dieser Schriftfunde betrug bis zu 5000 Jahren. Eine perfekte Schrift so hohen Alters war eine Sensation. In Ägypten hatte man inzwischen nahezu gleich alte Schriftzeichen entdeckt: die Hieroglyphen. Neben schriftlichen Aufzeichnungen fand man auch zahlreiche vollendet geformte Statuen aus Ton und Stein in den Ausgrabungsstätten dieser beiden Kulturen. Eine aufregende Entdeckung folgte der anderen. Allmählich begann sich anhand der vielen Funde und Untersuchungen in Ägypten, Kleinasien und auch Europa das Bild von drei frühen Höhepunkten in der Menschheitsgeschichte abzuzeichnen. Es wurde immer offensichtlicher:

Vor 5000 bis 6000 Jahren entstehen an mehreren Stellen unserer

Erde auffallend leistungsfähige Hochkulturen. An der europäischen Atlantikküste entfaltet sich die Megalithkultur, im Mittelmeerraum sind es die Ägypter, die zu einem Großreich heranwachsen, und die Sumerer, die mächtige Stadtstaaten im Bereich des Euphrat und Tigris errichten. Bemerkenswert ist der spontane Beginn dieser Hochkulturen und die rapide Entwicklung von Religion, Kunst, Staatswesen und Technik sowie ein nicht übersehbarer Zug zum Monumentalen. Ob es die riesigen Menhirfelder der Megalithleute sind oder die himmelstürmenden Zikkurate der Sumerer und Pyramiden der Ägypter, stets ist ein Streben nach Größe und Dauerhaftigkeit feststellbar. Holz als Baumaterial wird zunehmend durch Stein ersetzt, so, als wollte man jetzt für die Ewigkeit bauen.

Neben bautechnischen Glanzleistungen sind vor allem ungewöhnliche Fortschritte in den künstlerischen Ausdrucksmitteln zu beobachten. Ein eindrucksvolles Beispiel für die bildnerische Entfaltung in dieser Zeit liefert uns die »Dame von Uruk« (Abb. 69, s. Bildteil). Bei diesem fast lebensgroßen Marmorkopf, der um ca. 3200 v. Chr. entstand, handelt es sich vermutlich um das Bildnis einer sumerischen Göttin. Betrachten wir zum Vergleich Skulpturen aus der vorausgehenden Kulturstufe Obed (Abb. 70, s. Bildteil), so sind die Gestaltungsfortschritte geradezu erstaunlich, besonders wenn man bedenkt, daß ursprünglich ein Kopfschmuck vorhanden und die Augenhöhlen und Augenbrauen mit Einlegearbeiten versehen waren.

Die gesamte damalige Entwicklung im Zweistromland ließ derartig viele geniale Ansätze erkennen, daß sich eine so namhafte Archäologin wie Jacquetta Hawkes zu der Feststellung veranlaßt sah: »Was sich im 4. Jahrtausend in Sumer abspielte, ist einer der bemerkenswertesten Vorgänge der Menschheitsgeschichte.«

Da das Aufblühen zu komplexen Hochkulturen jeweils nur wenige Jahrhunderte erforderte, kann man sich des Eindrucks nicht erwehren, daß diese Kulturen fruchtbare Impulse von außen erhielten.

Wer erfand die Keilschrift und die Hieroglyphen?

Das plötzliche Auftreten einer Schrift bei den Sumerern und den Ägyptern spricht dafür, daß Fremdeinflüsse zur Entfaltung dieser Kulturen beitrugen. Dabei fällt uns die Ähnlichkeit der ersten ägyptischen und sumerischen Zeichen auf. Wie uns die Abbildung 71 (s. nächste Seite) zeigt, beginnen beide Schriften mit dynamisch geformten Bildzeichen.

Professor A. L. Kroeber ist der Meinung, es genüge als Anstoß allein schon die Mitteilung, daß sich gedankliche Inhalte erfolgreich schriftlich festhalten lassen. Wie recht er damit hat, zeigt uns das Beispiel der Hethiter. Sie haben erst nach dem Friedensvertrag von 1280 v. Chr., der in drei Schriften, nämlich in ägyptisch, babylonisch und sumerisch, niedergeschrieben wurde, eine eigene Hieroglyphenschrift entwickelt. Die Cherokee-Indianer haben sich sogar erst 1821 ihr eigenes Alphabet geschaffen.

Es sollte uns daher nicht wundern, wenn Auswanderer der untergegangenen Hochzivilisation die Ägypter und die Sumerer zur Entwicklung einer eigenen Schrift anregten. Ausgehend von einfachen Bildzeichen kam es allerdings, wie uns Abbildung 72 (s. übernächste Seite) zeigt, zu ganz unterschiedlichen Entwicklungsrichtungen: Bei den Ägyptern führte der Weg über die Hieroglyphen zur demotischen Schrift und bei den Sumerern zur Keilschrift.

Betrachten wir alte Überlieferungen, dann erhalten wir ebenfalls deutliche Hinweise auf Einflüsse einer wesentlich älteren Kultur. So hat nach frühen ägyptischen Quellen der Gott Thot nach der großen Flut Schrift und Wissen aus dem Westen nach Ägypten gebracht.

Platon läßt in seinem Dialog »Phaidros« Sokrates sagen, einer der alten Götter des Landes sei Theuth. Er sei der erste Erfinder der Zahl und des Rechnens, der Geometrie und Astronomie und namentlich auch der Schrift.

In dem Papyrus »Der Augenstern des Kosmos« wird berichtet, daß Hermes den Ägyptern die Kultur brachte. Nachdem er die Erde wieder verlassen hatte, war sein Sohn Thot (= Theuth) der Hüter

Abb. 71: Die Anfänge der Schrift bei Ägyptern und Sumerern, oben ägyptische Bildzeichnung um 3000 v. Chr., unten Bildschrift der Sumerer um 3200 v. Chr.

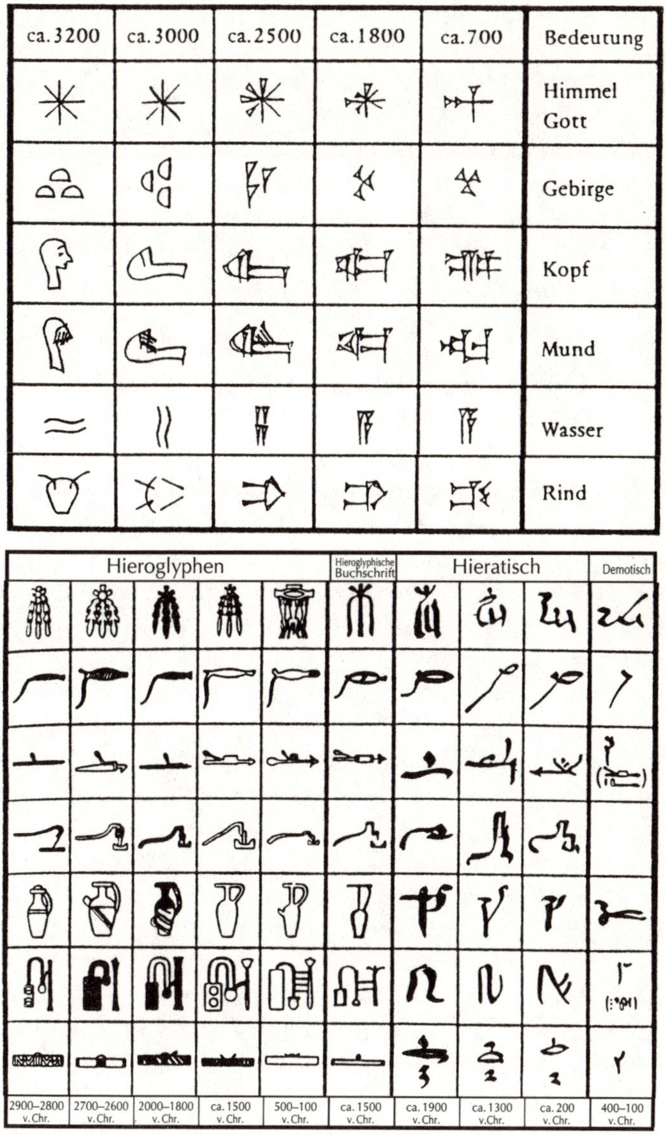

ca. 3200	ca. 3000	ca. 2500	ca. 1800	ca. 700	Bedeutung
✳	✳	✳	✳	▸⊢	Himmel Gott
⌂⌂	◖◗				Gebirge
◖	◖				Kopf
◖	◖				Mund
≈	))				Wasser
▽	✕>				Rind

Hieroglyphen					Hieroglyphische Buchschrift	Hieratisch			Demotisch
2900–2800 v.Chr.	2700–2600 v.Chr.	2000–1800 v.Chr.	ca. 1500 v.Chr.	500–100 v.Chr.	ca. 1500 v.Chr.	ca. 1900 v.Chr.	ca. 1300 v.Chr.	ca. 200 v.Chr.	400–100 v.Chr.

Abb. 72: Die Weiterentwicklung der sumerischen (oben) und ägyptischen (unten) Schrift. (Kuckenburg, M.: Die Entstehung von Sprache und Schrift [o]; University of Chicago Press [u.])

209

des von ihm vermittelten Wissens. Diesem göttlichen Thot folgte bald als eingeweihter Oberpriester Imhotep. Er ist eine der berühmtesten Persönlichkeiten der ägyptischen Geschichte, bekannt als großer Philosoph, Forscher, Arzt, Baumeister und erster Minister des Pharao Djoser. Ganze Bücher wurden schon über ihn geschrieben. Trotzdem umgibt ihn auch heute noch wie zu seinen Lebzeiten ein Rest von Geheimnis. Vor allem was seine Herkunft anbelangt. Das gleiche gilt auch für die ersten Pharaonen. Und damit gelangen wir zu einer ganz wesentlichen Frage.

Woher stammen die ersten Pharaonen?
Die Rätsel der ägyptischen Pyramiden

Vor 5400 Jahren gelangten Anhänger des Horus in das Nildelta, und eines der großen Rätsel der Menschheitsgeschichte nahm seinen Anfang. Ein einzigartiger Wandel setzte ein, der schon so manchen namhaften Archäologen und Geschichtswissenschaftler in Erstaunen versetzte. Zu Zeiten der ersten Dynastien kam es zu einer geradezu explosionsartigen Entfaltung der ägyptischen Kultur. Vor allem in der Baukunst ist die Entwicklung besonders augenfällig. Während um 2900 v. Chr. Pharao Menes die Stadt Memphis noch aus Schlammziegeln erbauen ließ, finden wir 300 Jahre später unter König Djoser bereits gewaltige Steinbauten: einen ummauerten Grabbezirk von 454 Meter Länge und eine 60 Meter hohe Stufenpyramide (Abb. 73, s. Bildteil).
Sein Baumeister Imhotep besaß offensichtlich ein Wissen, das über den Kenntnisstand seiner Zeit weit hinausging. Dies belegen nicht nur seine ungewöhnlichen Bauleistungen. Manchmal sind es auch kleine Details, die Wesentliches verraten. Ein derartiges Detail finden wir in einem Tempelrelief in Kom Ombo. Dieses Relief zeigt die chirurgische Instrumentensammlung des Imhotep. Sie gleicht ganz verblüffend einem Chirurgenbesteck des 20. Jahrhunderts. Wie kommt Imhotep bereits 4600 Jahre vorher zu einem derart perfekten Instrumentensatz?
Imhotep war ebenso wie der Pharao Djoser ein direkter Nachfahre

der Horus-Anhänger. Und als solcher hatte er, so ist anzunehmen, die Kenntnisse und das Wissen seiner Vorfahren übernommen. Wenn wir nur eines wüßten: Wer waren eigentlich dieser Horus und seine Anhängerschaft? Und woher kamen sie? Nach der ägyptischen Mythologie war Horus zunächst der Hauptgott Unterägyptens. Er war der Himmelsgott in Gestalt eines Falkens. Sein eines Auge verkörperte die Sonne, das andere den Mond. Seine Anhänger hatten ihn mit nach Ägypten gebracht. Und über sie wissen wir eigentlich nur, daß sie mit Schiffen aus dem Westen kamen und die Sonne verehrten. Sie drangen als Eroberer in Unterägypten ein und unterwarfen schließlich auch Oberägypten. Der Herrscher, dem diese sogenannte Reichseinung gelang, war Narmer, auch Menes genannt. Mit diesem ersten Pharao hatte der göttliche Horus-Falke die Herrschaft über ganz Ägypten angetreten.

Es waren also die Nachfahren jener fremden Einwanderer, die die ägyptische Kultur zum Erblühen brachten und die auch die mächtigen Pyramidenbauten zu immer größeren Höhen wachsen ließen. Die Weiterentwicklung dieser Bauten bis zu den großen Pyramiden von Giseh ist sicher weit mehr als der Versuch, Grabdenkmäler für die Ewigkeit zu schaffen. Der Gedanke, daß es Orte sind, die uraltes Wissen dokumentieren und überliefern sollten, wurde immer wieder geäußert. Wenn dabei der eine oder andere Autor über das Ziel hinausgeschossen sein mag, so darf dies nicht darüber hinwegtäuschen, daß auch modernste naturwissenschaftliche Untersuchungsverfahren manche Fragen nicht zu klären vermochten, sondern sogar neue Rätsel aufgaben. Doch bleiben wir zunächst bei bereits länger bekannten Befunden.

Die größte und vollkommenste dieser Pyramiden ist vermutlich die vor rund 4500 Jahren erbaute Cheopspyramide. Bei einer ursprünglichen Höhe von 146,5 Metern beträgt die Basislänge ihrer quadratischen Grundfläche 230,9 Meter. Sie wurde aus annähernd 2,3 Millionen Gesteinsquadern von je 2,5 Tonnen Gewicht errichtet. Schätzungsweise 70 000 Arbeiter waren hiermit ein Jahrhundert beschäftigt, wobei die Arbeiten nur während der drei Monate dauernden Nilüberschwemmungen ausgeführt wurden. Es steht heute außer Frage, daß in diesem Bauwerk sowohl technisches Können als auch mathematisch-astronomisches Wissen ihren Ausdruck finden. Der Standort liegt nahezu exakt auf dem 30. Breitengrad mit einer Abweichung von nur zwei Kilometern. Die Grundkanten sind an den Himmelsrichtungen orientiert. Dabei ist trotz der beachtlichen Abmessungen die West-Ost-Ausrichtung auf 2,5 Bogenminuten genau.

Von den Maßen der Pyramide haben Forscher in den letzten Jahrzehnten ungewöhnlich viele mathematische Beziehungen abgeleitet. Manche dieser Zusammenhänge zeugen von einer verblüffenden Meßgenauigkeit der Ägypter. Ein Beispiel soll uns dies veranschaulichen.

Die Basislänge entspricht 500 ägyptischen Ellen. Nach altägyptischen Quellen ist dies gleichzeitig die Länge einer achtel Bogenminute am Äquator. Dies würde bedeuten, daß der Äquatorumfang 86 400 000 Ellen und damit der Meßfehler nur 0,2 Prozent beträgt. Da die Erde eine Rotationszeit von 24 Stunden = 86 400 Sekunden besitzt, legt ein Punkt am Erdäquator in einer Sekunde 1000 Ellen zurück. Eine 1000stel Sekunde entspricht demnach einer altägyptischen Elle.

Erathostenes, ein genialer griechischer Gelehrter, bestimmte im 3. Jahrhundert v. Chr., also mehr als 2000 Jahre später, den Erdumfang mit einem Fehler von rund zwei Prozent, also wesentlich ungenauer. Wir müssen deshalb wieder einmal nach den Ursprüngen der ungewöhnlich genauen ägyptischen Messungen fragen. Die Antwort kennen wir bereits aus den ersten Kapiteln.

Die Luftschächte der Cheopspyramide wurden offensichtlich auf bestimmte, für die Ägypter wichtige Sterne ausgerichtet. So wies der südliche Luftschacht zum Zeitpunkt der Pyramidenerbauung auf den mittleren Gürtelstern des Orion, der nördliche Schacht dagegen auf den nördlichen Himmelspol beziehungsweise auf den oberen *Kulminationspunkt* des Sternes Thuban. Dieser Befund deutet auf eine enge Verknüpfung mit religiösen Vorstellungen hin. Aus Inschriften in den Pyramiden geht hervor, daß der verstorbene Pharao unter Führung des Sirius zum Himmel aufsteigt, wo er Orion trifft, der mit Osiris gleichzusetzen ist. Andere

Texte zeigen, daß die Seelen die Hoffnung haben, die niemals untergehenden beziehungsweise nie sterbenden Zirkumpolarsterne zu erreichen. Nach altägyptischen Vorstellungen sterben die übrigen Sterne, bevor sie nach 70 Tagen bei ihrem *heliakischen Aufgang* wieder auferstehen. Die Luftschächte der Cheopspyramide sind daher vielleicht als Wege für die Seele des Pharao zu Osiris oder den Zirkumpolarsternen zu verstehen.

Die äußerste Schicht der Pyramide besteht aus ursprünglich präzise polierten Kalksteinblöcken, die einst nahtlos aneinandergefügt waren. Dadurch warf dieses Bauwerk einen scharf begrenzten Schatten. Nach M. B. Cotsworth wäre es den Ägyptern möglich gewesen, anhand des Schattens die Länge des tropischen Jahres auf ein 100 000stel eines Tages, das heißt auf knapp eine Sekunde genau, zu bestimmen.

Die Tatsache, daß die Pyramide drei leere Grabkammern enthielt, ist eines der ungelösten Rätsel. Wahrscheinlich wurde in ihr nie ein Pharao für längere Zeit beigesetzt. Es ist vielmehr zu vermuten, daß sie als monumentaler Sakralbau, als Tempel heiliger Zeremonien zu verstehen ist, allenfalls als Ort einer symbolischen Bestattung. Für diese Annahme spricht auch der offene Sarkophag in der »Königskammer«, zu dem kein Deckel existiert. Oder sollte die Pyramide noch unentdeckte Kammern enthalten? In den letzten Jahren wurde dieser Frage mit modernsten physikalischen Untersuchungsmethoden nachgegangen. Bereits zwischen 1965 und 1987 ließen Untersuchungen mehrerer Forschungsgruppen den Verdacht aufkommen, daß dieses Bauwerk, vor allem im Bereich der Grabkammern, bislang unbekannte Hohlräume enthalten müsse. 1987 wurde daher ein umfangreiches Untersuchungsprogramm begonnen, dessen Hauptaufgaben Schwerkraftmessungen im Pyramideninneren und drei Bohrungen in den Wänden des »Königinnenganges« waren. Die Bohrproben von etwa 2,5 Meter Länge förderten neben massiven Kalksteinschichten auch Kalksteinfüllmaterial, gemischt mit Mörtel, und stets eine Schicht aus feinem gesiebtem Sand zutage. Merkwürdig ist, daß die Erbauer der Pyramide, statt Sand aus der unmittelbaren Umgebung zu verwenden, einen speziellen Sand aus sechs Kilometer Entfernung herbeischafften, der sich durch einen besonders hohen Gehalt an Schwermetallen auszeichnet. Warum sie dies taten, ist eines der neuen Rätsel, vor dem die Wissenschaft jetzt steht. Ein französisches Forschungsteam versuchte mit hochempfindlichen Gravimetern Schwerkraftanomalien und damit Hohlräume aufzuspüren. Diese Geräte sind derart empfindlich, daß sie bereits auf ein Milliardstel der *Erdbeschleunigung* reagieren. Eine japanische Forschergruppe führte ähnliche Messungen durch, ergänzt durch Untersuchungen mit einem Bodenradargerät. Dieses ist in der Lage, mittels elektromagnetischer Impulse durch Mauern hindurch nicht nur Grenzflächen, sondern sogar Einzelobjekte aufzuspüren. Die Ergebnisse der beiden Forschungsgruppen waren äußerst aufschlußreich: Mehrere große Hohlräume wurden nachgewiesen. In den sandgefüllten Zwischenräumen ließen sich einzelne unbekannte Objekte orten. Insgesamt dürfte die Cheopspyramide, dies zeigten die Hochrechnungen, einen Gesamtleerraum von 15 bis 20 Prozent enthalten, das ist mehr als das 20fache der bisher bekannten Kammern und Gänge. Eines der interessantesten Ergebnisse erbrachte bereits ein Vortest außerhalb der Pyramide. Unter der riesigen Sphinx befindet sich ein großer Hohlraum, und von diesem ausgehend führt ein Gang bis unter die Cheopspyramide.

Sollte der Hohlraum unter der Sphinx all das bergen, was man bislang in der Cheopspyramide vergeblich suchte? Angesichts dieser Entdeckung ist erstaunlich, was der arabische Historiker Al-Makrizi in seinem Werk »Das Pyramidenkapitel im Hitat« berichtet, daß sich in Räumen unter der großen Pyramide unter anderem auch Waffen befänden, »die nicht rosten« und »Glas, das sich biegen läßt, ohne zu brechen«. Rostfreier Stahl also und durchsichtiges, verformbares Plastikmaterial, so würden wir heute sagen. Bei ersterem könnte man sich noch vorstellen, daß dieser Historiker aus dem 15. Jahrhundert alte Legenden phantasievoll wiedergab, doch bei Plastikmaterial dürfte dies wohl schwerfallen. Woher hat Al-Makrizi aber dann seine Kenntnisse? Und was befindet oder befand sich wirklich unter der Pyramide? Ist es ein wissenschaftliches Vermächtnis der ersten Horus-Leute, die nach

Ägypten kamen, und damit vielleicht auch der Antiliden? Denn nach Westen zurückverfolgt führt die Spur der Horus-Anhänger in den Atlantik. Möglicherweise erfahren wir die Lösung, wenn eines Tages der Hohlraum unter der Sphinx geöffnet wird. Warten wir es ab und schauen wir, ob der göttliche Falke Horus, der vor mehr als fünf Jahrtausenden von Ägypten Besitz ergriff, seinen Flug auch noch in andere Regionen der Erde gelenkt hat.

Im Reich der Menhire und Dolmen

Nur noch wenige Kilometer trennen mich von Carnac, einem der rätselhaften Zentren der Megalithkultur. Würden sich dort meine Erwartungen erfüllen? Waren die Erbauer der riesigen Steindenkmäler wirklich so großartige Baumeister und Astronomen? Endlich, wenige Minuten später, war das Ziel der Reise erreicht. Schon von weitem sah ich die Michaelskapelle auf einem langgestreckten Hügel hoch über Carnac. Ihn wollte ich mir als erstes ansehen. Nie hätte ich vorher gedacht, daß ein Grabhügel derartige Dimensionen besitzen kann. Über 100 Meter dehnt er sich in der Länge aus. Zehn Meter Höhenunterschied muß ich auf steilem Fußpfad überwinden, um zur Michaelskapelle hinaufzugelangen. Dann stehe ich auf einer weiten Plattform mit einem grandiosen Ausblick auf die umgebende Landschaft. War dieser mächtige, künstlich errichtete Hügel wirklich nur die Grabstätte eines steinzeitlichen Fürsten? Oder war er einst erhöhter Mittelpunkt eines Heiligtums, in dem die Sonne und die Gestirne verehrt wurden?
Trotz der neuzeitlichen Bebauung und des intensiven Straßenverkehrs hatte ich das Gefühl, in Carnac ein uraltes heiliges Kultzentrum betreten zu haben. In welche Richtung ich mich auch begab, immer wieder stieß ich auf hochaufragende Menhire und *Dolmen*, die aus tonnenschweren Steinblöcken errichtet waren. Vor allem aber die großen Steinalleen hinterließen einen überwältigenden Eindruck!

Seit diesem ersten Besuch zieht es mich fast jedes Jahr zu den mächtigen Megalithbauten der Bretagne, und jedesmal erschließen sich neue interessante Einzelheiten.

Besonders eindrucksvoll ist Locmariaquer, das zweite große Megalithzentrum am Golf von Morbihan. Der riesige Dolmen »Table des Marchands« ist es zunächst, der die Aufmerksamkeit auf sich lenkt. Beim Betreten seines großen Innenraumes fällt der Blick sofort auf den zentralen Tragstein (Abb. 74, s. Bildteil). Er wirkt auf uns wie ein uraltes, ehrfurchtgebietendes Altarbild. Lange Zeit galt dieser Dolmen, der von einem Steinhügel überwölbt wird, als Grabanlage.

Die krummen Stäbe auf dem zentralen Tragstein wurden zunächst für reife, sich unter ihrer Last biegende Ähren gehalten. Später deutete man das Gesamtbild als Muttergottheit. Die runden Bögen am linken Steinrand sollten dabei eine Art Strahlenkranz darstellen. Wesentlich überzeugender ist dagegen die Interpretation des Astronomen Rolf Müller. Ihm fielen bei der Betrachtung der Stäbe die Zahlenverhältnisse auf. Insgesamt sind es 56 Stäbe, auf der rechten Steinhälfte 27 und links 29. Außerdem sind es sicher nicht zufällig 19 Bögen, die den linken Steinrand zieren. Sämtliche Zahlen stehen in einem Zusammenhang mit der Mondbewegung. In einem Rhythmus von rund 19 Jahren (genau 18,6 Jahren) verlagern sich jeweils die Auf- und Untergangspunkte des Mondes am Horizont. Das Dreifache von diesem Bewegungszyklus ergibt die Zahl 56. Hinter den 29 krummen Stäben verbirgt sich der Zeitraum zwischen zwei gleichen Mondphasen. Das heißt, die Zeit von einem Neumond bis zum nächsten beträgt 29 Tage. Welche Bewandtnis hat es mit der Zahl 27? Nun, es ist die Dauer eines sogenannten siderischen Monats. 27 Tage verstreichen, bis unser Mond bei seinem Umlauf um die Erde wieder genau die gleiche Stellung gegenüber einem bestimmten Fixstern einnimmt. Es kann kein Zufall sein, daß der Tragstein gerade diese Zahlen enthält. Müller hält deshalb diesen Stein für einen Mondkalender, in dem die Megalithpriester ihr astronomisches Wissen festhielten. Neben dem Dolmen, der sich in einem inzwischen rekonstruierten *Cairn* befindet, erhob sich dereinst der größte Menhir der

Bretagne. Vermutlich durch ein Erdbeben zerstört, liegen heute die Bruchstücke dieses steinernen Kolosses von 20,3 Meter Länge und 350 Tonnen Gewicht am Boden. Einst war dieser Grand Menhir eine in der gesamten Bucht von Quiberon nicht zu übersehende Markierung. In Verbindung mit acht Beobachtungsstellen (Abb. 75) war es den Megalithastronomen möglich, die

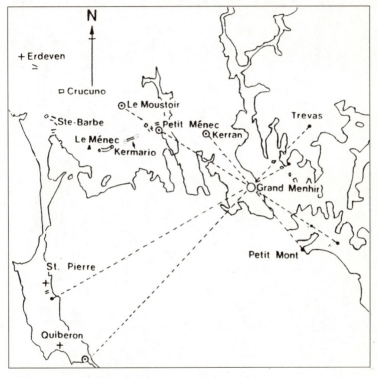

Abb. 75: Der Grand Menhir als astronomischer Peilstein
(Griffith Observatory, Los Angeles)

Mondwenden exakt zu verfolgen und sogar aus den beobachteten Neigungsstörungen Mondfinsternisse vorauszusagen.
Dritter und wohl ältester Teil dieses Megalithkomplexes ist der

217

Tumulus d'Er-Vinglé, der in den letzten fünf Jahren freigelegt und untersucht wurde. Mit einer Länge von 170 Metern zählt er zu den größten Megalithbauten. Altersbestimmungen mit der Radiokarbonmethode ergaben eine Entstehungszeit zwischen 4400 und 3900 v. Chr. In diesem Tumulus fand man unter anderem das Fragment eines Keramikringes, der in regelmäßigen Abständen lochförmige Vertiefungen trägt. Der vollständige Ring besaß vermutlich 56 derartige Vertiefungen (Abb. 76). Bedenkt man, daß

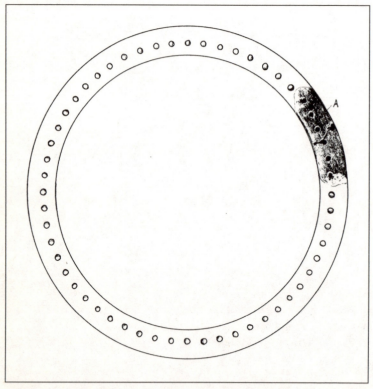

Abb. 76: Ein 6000 Jahre alter Mondkalender aus der Bretagne
In Locmariaquer fand man das Bruchstück (A) eines in dieser Zeichnung rekonstruierten Kreisrings.

der große Tragstein im benachbarten Dolmen 56 Stäbe aufweist und die Zahl der Aubraylöcher im berühmten Steinkreis von Stonehenge/England ebenfalls 56 ist, dann wird es immer offensichtlicher, daß mindestens seit 6000 Jahren neben Sonnen- auch intensive Mondbeobachtungen durchgeführt wurden.

Astronomische Großobservatorien in der Steinzeit

Um hierfür eine Bestätigung zu erhalten, kehren wir nochmals nach Carnac zurück und sehen uns die dortigen Steinalleen etwas genauer an. Die Anlagen von Le Menec und von Kermario bestechen durch ihre ungewöhnlichen Dimensionen. Bei der Steinallee von Le Menec ziehen sich 1099 Menhire über eine Strecke von 1167 Meter Länge und etwa 100 Meter Breite durch die Landschaft. Die größten Menhire ragen vier Meter, bei Kermario sogar über sechs Meter empor (Abb. 77, s. Bildteil). Den Abschluß der beiden Steinreihenenden bilden ovale *Cromlechs*. Zusammen mit den übrigen Steinalleen ergibt sich eine Gesamtanlage von fast acht Kilometer Länge. Man schätzt, daß zum Herbeischaffen und Aufstellen der Menhire in dieser monumentalen Anlage 20 bis 50 Millionen Arbeitsstunden erforderlich waren.

Es war eine einzigartige Gemeinschaftsleistung der Megalithbevölkerung, die damals in der gesamten Bretagne etwa 100 000 Menschen umfaßte, wobei nur ein Bruchteil davon am Golf von Morbihan beheimatet war. Über den Zweck dieser gewaltigen Steinsetzungen existieren inzwischen zahlreiche Theorien. Angefangen bei so ausgefallenen Vorstellungen wie der eines Heeres versteinerter Soldaten oder von Landemarkierungen für außerirdische Raumfahrzeuge reichen die Mutmaßungen über Kultplätze, Prozessionsstraßen bis zu Mond- und Sonnenobservatorien. Wahrscheinlich erfüllten sie eine Doppelfunktion. Einmal waren sie tatsächlich ein Zeremonialplatz für kultische Handlungen. Möglicherweise wurden an den Menhiren Tieropfer dargebracht, vielleicht auch Fruchtbarkeitsriten zelebriert. Überlieferungen in Legenden bestätigen jedenfalls derartige Vermutungen. Zum anderen waren die Steinalleen sicher Hilfsmittel für präzise Sonnen- und Mondbeobachtungen, gewissermaßen Großobservatorien der Steinzeit.

In den letzten Jahrzehnten wurden die langen Steinreihen wiederholt genau vermessen. Dabei stellte sich heraus, daß sie ganz gezielte Richtungen besitzen. So markieren beispielsweise die Steinreihen von Kermario den Sonnenaufgang zum Zeitpunkt der Sommersonnenwende. Die Steinreihen von Kerelescan (Abb. 78)

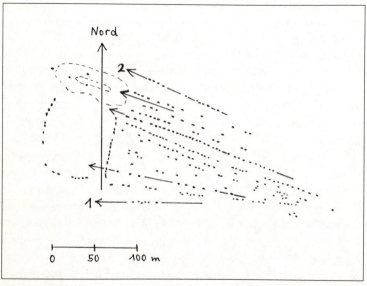

Abb. 78: Die astronomische Ausrichtung der Steinallee von Kerelescan (nach Rolf Müller)

dagegen weisen eine fächerförmige Anordnung auf. Die südlichste Reihe kennzeichnet den Sonnenuntergangsort zur Zeit der Tag- und Nachtgleiche, die nördlichste Reihe markiert die Sommersonnenwende. Die dazwischen liegenden Steinreihen geben wahrscheinlich die megalithische Monatseinteilung von jeweils 23 Tagen wieder.

220

Die Steinallee von Le Menec schließlich ist auf den Sonnen-aufgang am 6. Mai und 8. August ausgerichtet. Beide Daten sind für die Landwirtschaft von Bedeutung, der 6. Mai als Zeitpunkt der Blüte und der 8. August als Erntebeginn.

Alexander Thom, einer der bedeutendsten Archäoastronomen, ist der Meinung, daß diese Steinalleen komplizierte Mondobservato-rien darstellen.

In dieser Auffassung bestärkte ihn die Tatsache, daß in Le Menec die Menhire einen Abstand von jeweils 2,07 Metern aufweisen.

Angesichts derartiger Anlagen müssen wir uns fragen: Wer hat vor 6000 bis 5000 Jahren die Ideen für diese astronomischen Meßme-thoden entwickelt? Oder gaben Besucher aus einer anderen Hoch-kultur mit großer astronomischer Erfahrung und Tradition den Megalithmenschen Anregungen? Auf jeden Fall ist es erstaunlich, wie sich in einem relativ kurzen Zeitraum ein Volk von Jägern, Fischern und Viehzüchtern zu einer Hochkultur mit Monumental-bauten und geradezu wissenschaftlichen Beobachtungsmethoden entwickelt hat.

Es gibt noch ein drittes Zeremonialzentrum am Golf von Morbi-han. Es ist Gavrinis, das Helmut Tributsch für die Königsburg des sagenhaften Atlantis hält. Auf der Inselmitte erhebt sich ein großer Cairn. In diesem Steinhügel von 33 Meter Durchmesser vermutet Tributsch den ehemaligen Poseidontempel von Atlantis. Doch was verbirgt sich unter der steinernen Hügelkuppe wirklich? Mit Sicherheit können wir sagen, daß es sich um das schönste Mega-lithmonument ganz Westeuropas handelt. Der Blick auf die Innen-wände ist faszinierend! Die Steinplatten des Ganges und der großen Kammer sind vollständig mit ornamentalen Ritzzeichnun-gen bedeckt. Interessanterweise ist der große Deckstein ebenso wie der Deckstein des »Table des Marchands« Teil eines zerbro-chenen Menhirs von 14 Metern Länge. Die beiden Tumuli liegen vier Kilometer voneinander entfernt, es müssen also 50 Tonnen mindestens über diese Entfernung transportiert worden sein. Es handelt sich um eine ähnlich erstaunliche Leistung wie bei dem Transport des 350 Tonnen schweren Grand Menhir. Mit welchen Methoden wurde dieser gewaltige Monolith fast ein Jahrtausend vor dem Bau der großen Pyramiden – und deren Steine wogen nur 2,5 Tonnen – bewegt und aufgerichtet?

Unmittelbar vor dem Megalithtempel von Gavrinis befanden sich auf Er-Lannic zwei Steinkreise, heute teilweise von dem gestiegenen Wasserspiegel bedeckt. Sie dienten zweifellos wie weitere zahlreiche Steinkreise, die man anderenorts, vor allem in England, fand, astronomischen Messungen. Die große Zahl von Steinbeilen und Keramikgefäßen, die man an dieser Stelle ausgrub, weisen auf die gleichzeitige Bedeutung dieses Platzes als Kultstätte hin.

Das Megalithzentrum am Golf von Morbihan zeigt in anschaulicher Weise die enge Verknüpfung von Religion und Astronomie. Darüber hinaus läßt es eine Vervollkommnung der Bauweise und eine Zunahme der Baudimensionen erkennen. Maßen die astronomisch orientierten Steinsetzungen, Rechtecke und Kreise zunächst 25 bis 60 Meter bei einer Steinzahl von wenigen Dutzend, so sind es schließlich in Carnac pro Anlage mehr als 1000 Menhire bei einer Länge von jeweils mehr als einem Kilometer. Die Dolmen und Tumuli wurden ebenfalls immer größer. Der Tumulus von Arizon erreicht einen Durchmesser von 55 Metern und eine Höhe von 15 Metern, der Tumulus St. Michel in Carnac sogar die erstaunliche Länge von 115 Metern bei zehn Meter Höhe und einem Volumen von 500 000 Kubikmetern. Die zeitlichen Anfänge liegen, wie im Tumulus von d'Er-Vinglé nachgewiesen, vor 4400 v. Chr. St. Michel in Carnac wurde um 3800 v. Chr. errichtet. Der großartige Tumulus von New Grange in Irland mit einem Durchmesser von 90 Metern ist Mitte des 4. Jahrtausends entstanden. Heute wissen wir, daß diese Monumentalbauweise, ausgehend von der Bretagne, sich entlang der Küsten ost- und südwärts und über den Kanal auf die Britischen Inseln ausgebreitet hat.

Vom Norden Großbritanniens bis in den Mittelmeerraum finden wir megalithische Steinsetzungen. Weit über 2000 Kilometer trennen die nördlichsten Gebiete von denen im Süden. Es ist wirklich erstaunlich, über welche Entfernungen sich eine gemeinsame Idee bereits vor Jahrtausenden in monumentalen Bauwerken Ausdruck verschaffte. Eines der verblüffendsten Ergebnisse aber förderten genaue Vermessungen der Megalithbauten zutage: Die Steinzeitbaumeister besaßen schon ein gemeinsames Längenmaß! Es ist dies die Megalith-Elle mit einer Länge von 0,83 Metern. Das 2,5fache dieses Längenmaßes erwies sich bei zahlreichen Steinsetzungen gleichfalls als bedeutsam. Es erhielt daher als zusätzliche Maßeinheit die Bezeichnung »Megalithische Rute« (= 2,07 Meter). Beide Maße waren in der Megalithzeit in ganz Westeuropa in Gebrauch. Während in anderen Bereichen der Megalithkultur bedeutsame regionale Unterschiede feststellbar sind, herrschte offensichtlich in mathematischer Hinsicht von den Orkney-Inseln bis zur Iberischen Halbinsel der gleiche Geist. Auffallend ist, daß es sich durchweg um Anlieger des Atlantiks handelte. Es drängt sich daher die Frage auf: Woher hatten die Megalithmenschen dieses Einheitslängenmaß?

Nicht weniger merkwürdig ist der Wandel in der bildlichen Darstellung der Steinzeitkünstler, der sich innerhalb weniger Jahrhunderte vollzog. Der zerborstene Menhir, dessen Bruchstücke als Decksteine für den »Table des Marchands« und den Cairn in Gavrinis Verwendung fanden, trägt Gravierungen, sogenannte Petroglyphen, die in gegenständlicher Darstellungsweise Tiere und Äxte wiedergeben (Abb. 79, s. nächste Seite). Diese Ritzzeichnungen müssen spätestens um 4000 v. Chr. entstanden sein, da für den »Table des Marchand« der Anfang des 4. Jahrtausends als Entstehungszeit ermittelt wurde. Die Innenwände in Gavrinis dagegen, nur wenige Jahrhunderte später entstanden, sind angefüllt mit abstrakten ornamentalen Mustern (Abb. 80, s. Bildteil), die als mythische Symbole gedeutet werden. Auch hier müssen wir uns fragen: Wer oder was hat diesen Darstellungswandel beziehungsweise die ihm zugrundeliegenden Änderungen in der gedanklichen Vorstellungswelt bewirkt?

Vielleicht sollten wir den Informationen, die uns der Historiker Timogenes im 1. Jahrhundert n. Chr. überlieferte, doch nicht ganz so ablehnend gegenüberstehen. Er berichtet nämlich, daß aus den Sagen verschiedener Stämme der Gallier hervorgeht, wo ihre ursprüngliche Heimat zu suchen ist: mitten im Atlantischen Ozean!

Abb. 79: Gravierungen auf den Decksteinen von Gavrinis und dem »Table des Marchands« (Yannick Lecerf)

Nicht weniger interessant ist eine Entdeckung, die dem französischen Archäologen Professor Baudouin an der Atlantikküste des Departements Vendée gelang. Dort, wo der kleine Fluß La Vie mündet, fand er im Jahr 1928 auf einem »Großen Stein«, möglicherweise einem normalerweise vom Meer bedeckten Menhir, bei extrem niedriger Ebbe Halbreliefs mit eigenartigen Gravierungen. Unter anderem war auf einer Scheibe ein menschliches Profil zu sehen, mit einer Nase, wie man sie von zahlreichen Mayaportraits kennt, und mit einem ebenfalls von manchen mittelamerikanischen Götterbildern bekannten Spitzbart.

Baudouin schätzte das Alter dieses seltsamen Portraits auf mindestens 6000 Jahre. Sollte hier vielleicht eine Antwort auf die Frage nach den Ursprüngen der Megalithkultur zu finden sein?

Ist es nicht eigenartig, daß die Megalithkultur an der äußersten Westspitze Europas ihren Ausgang nahm? Und daß die Megalithmenschen entlang der Atlantikküste siedelten? Sie waren offensichtlich tüchtige Seefahrer. Woher sie kamen, ist bislang nicht bekannt. Entgegen der ursprünglichen Meinung, daß sie aus dem Osten einwanderten, halten namhafte Wissenschaftler heute einen westlichen Ursprung für wahrscheinlich. Aber wo lag ihre Heimat? Waren sie Abkömmlinge der Antiliden?

Derartige Überlegungen weisen auf ein unbekanntes Zentrum im Atlantik hin. Und damit fällt der Blick wieder zwangsläufig auch auf die andere Seite dieses Ozeans, das heißt auf die Küsten des amerikanischen Kontinents.

Rätselhafte Vergangenheit der Neuen Welt

Mitte der 70er Jahre besuchte der amerikanische Wissenschaftler V. H. Malmstrom das an der Westküste Mittelamerikas gelegene Izapa, ein altes Kulturzentrum der Olmeken. Sicher werden sich manche Besucher über die Experimente gewundert haben, die er dort durchführte: Er untersuchte die uralten Steinplastiken dieser Kultstätte mit magnetischen Meßgeräten. Eine verrückte Idee, sollte man zunächst meinen. Doch der Erfolg gab ihm recht. Die

Köpfe steinerner Schildkröten zogen die Magnetnadeln seiner Instrumente an. Fürwahr, ein erstaunliches Ergebnis! Die Bildhauer der Olmeken hatten ihre Statuen so geschaffen, daß sich jeweils im Kopf der Schildkrötenplastik eine besonders eisenreiche Basaltstelle befand, so schufen sie gewissermaßen magnetische Zentren in den steinernen Tierköpfen.

In San Lorenzo, einem anderen Kulturzentrum der Olmeken, fand man das Bruchstück eines Magneten aus poliertem Hämatit. Es besteht daher kein Zweifel, daß den Olmeken der Magnetismus nicht nur als Erscheinung bekannt war, sondern daß sie ihn auch vor rund 3400 Jahren praktisch nutzten.

Doch damit nicht genug. In Guatemala stieß Malmstrom auf Steinplastiken in Menschenform. In der Nabelgegend besitzen diese riesigen, 4000 Jahre alten Steinfiguren ein magnetisches Zentrum. Es stellt sich natürlich die Frage, aus welchem Grund die Bildhauer jener alten Kulturen magnetische Eigenschaften des Materials bei der bildnerischen Gestaltung bewußt einsetzten. Wir können darüber nur Vermutungen anstellen. Sicher ist, daß sie dem Magnetismus eine ganz besondere Bedeutung zumaßen. Vielleicht besaßen sie uralte Überlieferungen über besondere Wirkungen von magnetischen Kräften, die unser 20. Jahrhundert erst wieder zu entdecken beginnt. Hat man doch beispielsweise vor einigen Jahrzehnten festgestellt, daß starke Magnetfelder die Heilung selbst schwierigster Knochenbrüche bewirken.

Der erste Mayakalender

Nicht nur die Olmeken, auch die Mayas geben mit ihren erstaunlichen Leistungen so manche Rätsel auf. Sie besaßen bereits zum Zeitpunkt ihres ersten nachgewiesenen Auftretens eine vollentwickelte Hieroglyphenschrift, erstaunliche mathematische und astronomische Fähigkeiten sowie einen Kalender, der in seiner Genauigkeit den der Alten Welt um ein Vielfaches übertraf. Wie wir aus der Schriftentwicklung bei den Sumerern und den Ägyptern ersehen können, waren diese Schriften über einen Zeitraum

von zweieinhalb Jahrtausenden ständigen Veränderungen unterworfen. Wir müssen daher davon ausgehen, daß die Ursprünge der Mayaschrift weit in die Vergangenheit zurückreichen. Das gleiche gilt für ihre mathematischen Kenntnisse. Die Maya, ebenso die Babylonier, rechneten mit der Zahl Null, die Griechen und Römern unbekannt war. Ferner vermochten die Maya und die Babylonier mit sehr großen Zahlen umzugehen. Während bei den Griechen 10 000 als sehr groß angesehen wurde, konnte man bei den Babyloniern 15stellige Zahlen nachweisen. Der Mayakalender, auf dessen Genauigkeit wir bereits im ersten Kapitel eingegangen sind, wurde wahrscheinlich im 7. Jahrhundert v. Chr. geschaffen. Den Beginn, das heißt den Zeitpunkt Null in ihrer Geschichte, legten die Maya jedoch nach Herbert J. Spinden in das Jahr 3373 v. Chr. Von diesem historischen Kalenderanfang ausgehend fand eine fortlaufende Tageszählung statt. 144 000 Tage ergaben eine sogenannte Baktunperiode. Daneben kannten die Maya noch eine Jahresrechnung mit sogenannten Haabjahren. Als drittes Zeitmaß benutzten sie das 260tätige Tzolkin, das auf dem Wechsel der Mondphasen aufbaut. Und schließlich verwandten die Maya die Periode, die sich aus dem *Gestaltenwechsel des Planeten Venus* ergab. Dabei bestand folgende Beziehung:
65 Venusperioden = 146 Tzolkin = 104 Haabjahre.
Fürwahr, ein kompliziertes Kalendersystem! Aber es ist so ausgeklügelt, daß die verschiedenen Zählsysteme einen gemeinsamen Zählbeginn haben. Dieser liegt, und das ist das Erstaunliche, im Jahre 8498 v. Chr.! Wenn wir dann noch erfahren, daß die Maya auch die Umlaufzeiten der Planeten Jupiter und Mars mit ungewöhnlicher Genauigkeit kannten und zu historischen Daten in Beziehung setzten, dann können wir Professor Hans Ludendorff gut verstehen, wenn er zu dem Ergebnis kommt, daß sich die Himmelsbeobachtungen der Maya über extrem lange Zeiträume erstreckt haben müssen.
Nach neueren Untersuchungen dürften schon die Olmeken bzw. die La-Venta-Kultur sowohl den Mayakalender als auch deren mathematisches System benutzt haben. Auf welchem Wege sie diese wissenschaftlichen Fähigkeiten erlangt haben, vermag aber

bislang niemand zu sagen. Dies ist letztlich genauso unbekannt wie die Herkunft dieser Kultur. Interessant ist in diesem Zusammenhang die Tatsache, daß die modernen Datierungsmethoden immer höhere Alterswerte für die mittelamerikanischen Kulturen ergeben. Lag das älteste Datum vor einigen Jahren noch bei 900 v.Chr., so reichen inzwischen die Alterswerte bis 2000 v.Chr. zurück. Und vieles spricht dafür, daß dies noch nicht das Ende ist. Denn es gibt jetzt schon rätselhafte Spuren, die noch weiter in die Vergangenheit zurückführen.

Die eigenartigen Steinkugeln von Costa Rica

Als in den 30er Jahren im Diquis-Delta Bananenplantagen angelegt wurden, entdeckte man vollendet geformte Kugeln aus Granit mit Durchmessern zwischen zehn Zentimetern und 2,4 Metern (Abb. 81, s. Bildteil). Ihre Zahl dürfte, wie Dr. Samuel Lothrop feststellte, ursprünglich in die Tausende gegangen sein. Stets fand man sie in Gruppen, sowohl in langen Geraden als auch in Wellenlinien oder Dreiecken angeordnet. Steinbrüche, in denen man sie angefertigt haben könnte, sind viele Kilometer entfernt. Die großen Kugeln mit einem Gewicht von bis zu 16 Tonnen heranzuschaffen, stellt eine erstaunliche Leistung dar. Wer hat diese perfekten geometrischen Steingebilde geschaffen? Und zu welchem Zweck? Es muß eine Kultur gewesen sein, die Sinn für Geometrie besaß. Denn zum einen ist die Kugel der vollkommenste Körper, zum anderen sprechen hierfür die Anordnungen der Kugeln in der Landschaft. Sämtliche Versuche, diese Steinkugeln anhand anderer Bodenfunde einer bekannten Kultur zuzuordnen, blieben bislang ohne Erfolg. Der Verwitterungsgrad ihrer Oberfläche erinnert an den der Menhire in der bretonischen Megalithkultur. Diese Menhire haben ein Alter von 5000 bis 6000 Jahren. Sollten die Kugeln Costa Ricas ein ähnliches Alter aufweisen, dann gäben sie uns einen Hinweis auf eine sehr frühe Kultur nichtamerikanischen Ursprungs.

Mögen Alter und Herkunft dieser Steinkugeln vorläufig noch

ungeklärt sein, so existiert inzwischen doch bereits ein konkreter Hinweis auf eine mindestens 5000 Jahre alte Hochkultur in Amerika.

Eine uralte Pyramide in Mexiko

Einen Hinweis auf das Alter der mittelamerikanischen Hochkultur gibt uns die Pyramide von Cuicuilco, in der Nähe des heutigen Mexiko City. Diese runde Stufenpyramide mit einem Durchmesser von 145 Metern und einer Höhe von 20 Metern unterscheidet sich völlig von den übrigen mittelamerikanischen Pyramiden (Abb. 82, s. Bildteil). Sie wurde aus Erde und grob gebrochenen Steinen errichtet, ohne Verwendung von Mörtel. Die Außenmauern erinnern in ihrer einfachen Art an die Bruchsteine, aus denen die mehr als 5000 Jahre alten Cairns der Megalithkultur errichtet wurden (Abb. 83, s. Bildteil). Die ausgedehnte obere Plattform der Pyramide diente einst als heiliger Versammlungsplatz, auf dem die Bewohner ihren Göttern Verehrung zollten. Durch den Ausbruch des Vulkans Xitli um 260 n. Chr. wurden drei Seiten der Pyramide zehn Meter hoch von einem Lavafluß bedeckt. Dieses Ereignis wird fälschlicherweise oftmals mit dem Zeitpunkt der Pyramidenerrichtung gleichgesetzt. Der amerikanische Archäologe B. S. Cummings untersuchte die mehrere Meter dicken Ablagerungen unter der Lavaschicht und kam dabei zu erstaunlichen Ergebnissen. Er stieß auf drei verschiedene Kulturschichten mit zahlreichen Figuren und Keramikscherben. Dazwischen befand sich jeweils eine Schicht vulkanischer Asche. Aus seinen Befunden konnte er wie aus Mosaiksteinen ein interessantes Bild zusammensetzen:

Die Pyramide wurde jahrhundertelang von ihren Erbauern für religiöse Zeremonien genutzt. Nachdem sie diese aus unbekannten Gründen verlassen hatten, ergriff eine Bevölkerung, die uns in den Bodenablagerungen grobe Keramik und Geräte hinterließ, Besitz von dieser Gegend. Ein Ausbruch benachbarter Vulkane beendete diese Siedlungsperiode. Nun folgte eine Kultur, die aufgrund ihrer vollkommenen Gebrauchs- und Kunstgegenstände ausgesprochen fortschrittlich wirkte. Durch einen weiteren Vulkanausbruch wurden auch diese Siedler zur Aufgabe ihrer Wohnstätte gezwungen. Die nun folgenden Bewohner sind den Archäologen bestens bekannt. Sie waren Angehörige der sogenannten präklassischen Kulturstufe, die zwischen 1400 und 400 v.Chr. an zahlreichen Stellen Mexikos ihre Siedlungsspuren hinterließen. Cummings schätzte den Zeitraum zwischen dem Bau der Pyramide und dem großen Lavafluß zunächst auf 6500 Jahre. Inzwischen hat man eine Reihe von Holzkohleproben aus verschiedenen Tiefen einer Altersbestimmung unterzogen. Dabei bestätigte sich das hohe Pyramidenalter. In einer Tiefe von 3,30 Meter stammten die Siedlungsreste aus der Zeit um 460 v.Chr., in 5,10 Meter Tiefe fand man Überreste aus den Jahren um 2250 v.Chr. Die unterste Schicht, die sich 6,55 Meter unter dem Lavafluß befindet, ließ sich auf 2570 Jahre v. Chr. datieren. Diese Schicht spiegelt den Zeitpunkt wider, an dem die erste neue Bevölkerung von der verlassenen Pyramidenumgebung Besitz ergriffen hatte. Schließen wir uns der Meinung Cummings an, der davon ausgeht, daß die Pyramide bereits vorher für mehrere Jahrhunderte als Zeremonialplatz diente, dann wäre sie vor annähernd 5000 Jahren errichtet worden. Dies ist etwa die gleiche Zeit, in der die Sumerer die mächtigen stufenförmigen Zikkurate bauten und in Ägypten die ersten Stufenpyramiden entstanden. Ist unter diesen Umständen der Gedanke wirklich so abwegig, daß die Idee, himmelaufstrebende Tempelbauten zu errichten, von einer älteren, noch unbekannten Hochkultur ausging?

Die ersten Tempelterrassen in Südamerika

Lenken wir unseren Blick nach Südamerika, dann entdecken wir an der Küste Perus imposante Bauleistungen. In Aspero wurden ab 2600 v. Chr. aus vielen 1000 Tonnen Erde, Lehmziegeln und Steinen große Tempel auf stufenförmig angelegten Terrassen errichtet (Abb. 84, s. Bildteil). Die gesamte Anlage erinnert in ihrem Aufbau wie die Pyramide von Cuicuilco an die sumerischen Zikkurate. Wie wir heute wissen, betrieb die Bevölkerung Perus damals bereits einen regelrechten Fernhandel. So wurden beispielsweise schöne Meeresmuscheln gegen farbenfrohe Federn aus dem Amazonasgebiet getauscht. Sollten bei dieser Gelegenheit die Bewohner Perus Kunde von einer fernen Sonnenreligion und dem Bau riesiger Göttertempel erhalten haben? In Mittel- und Südamerika harren noch Tausende frühgeschichtlicher Fundplätze ihrer archäologischen Erschließung. Noch viel größer dürfte die Zahl bislang unbekannter Überreste früherer Kulturen sein, die sich in unwegsamen Dschungelgebieten Amerikas verbergen. Es wäre nicht verwunderlich, wenn daher die nächsten Jahrzehnte weitere Bestätigungen für sehr frühe Hochkulturen erbrächten. Vielleicht auch für die denkwürdigen Worte Moctezumas, des letzten Herrschers der Azteken, der den spanischen Konquistador Hernán Cortés darauf hinwies, daß sein Volk aus einem fremden Land nach Mexiko gekommen war, das dort lag, wo die Sonne aufgeht.

X

Im Zeitalter
der Meßtechnik

Die Eßgewohnheiten des Neandertalers

»Die Eßgewohnheiten des Neandertalers sind entschlüsselt!« Diese unwahrscheinlich anmutende Nachricht stammt nicht etwa aus einem Zukunftsroman, sondern beruht auf Untersuchungen des namhaften Wissenschaftlers A. Mariotti. Er isolierte aus einem 40 000 Jahre alten Schädel Kollagen, eine Substanz, die im Knorpel- und Knochengewebe vorkommt, und überprüfte den Gehalt an dem Stickstoffisotop N 15 und dem Kohlenstoffisotop C 13. Bei reinen Fleischfressern wie dem Wolf überwiegt das Stickstoffisotop, bei Pflanzenfressern dagegen der Kohlenstoff. Der Speisezettel des Neandertalers lag nun nach Meinung Mariottis zwischen dem des Wolfes und dem des Fuchses, der gelegentlich auch Blätter und Früchte frißt.

Geht es um die Zusammensetzung eines Materials, um die Art und Menge seiner Bestandteile, dann kann der Forscher gegenwärtig zwischen Gaschromatographie, Spektralphotometrie, Röntgenfluoreszenzanalyse, Neutronenaktivierungsanalyse, Gammaspektrometrie, Isotopenanalyse und einer Reihe weiterer Methoden wählen, durch die nicht nur die wesentlichen Hauptbestandteile, sondern auch der genaue Anteil der rund hundert in der Natur vorkommenden Elemente bestimmt werden können.

Ging es darum, das Alter von Funden zu bestimmen, dann waren die Archäologen noch vor 50 Jahren häufig auf bloße Schätzungen angewiesen. Lediglich anhand der Fundschichten konnten sie die zeitliche Abfolge ermitteln. Heute stehen weitaus exaktere Methoden zur Verfügung.

Zunächst war es die Radiokarbon- oder auch C 14-Methode, die bei den Wissenschaftlern Begeisterung hervorrief. Stellvertretend für die zahlreichen modernen Meßverfahren soll die C 14-Methode hier erläutert werden.

Die Radiokarbonmethode

Um die Radiokarbonmethode besser verstehen zu können, muß ein kurzer Ausflug in die Welt der Atomkerne unternommen werden. Es gibt mehr als 100 chemische Elemente. Was diese Elemente voneinander unterscheidet, ist die Anzahl der Protonen in ihren Atomkernen. Ein Goldatom beispielsweise besitzt in seinem Kern 79 Protonen, ein Quecksilberatom dagegen 80. Könnte man in größerem Stil preiswert den Quecksilberatomen je ein Proton entziehen, dann würde der alte Wunschtraum der Alchimisten von einer künstlichen Goldherstellung in Erfüllung gehen.

Als es den Forschern gelang, die Masse der Atome zu bestimmen, stellten sie zu ihrer Überraschung fest, daß die einzelnen Atome eines Elements nicht alle gleich schwer sind. Das am einfachsten aufgebaute und damit auch leichteste Atom, das Wasserstoffatom, enthält in seinem Kern nur ein Proton. Dieses Wasserstoffatom hat daher die Atommasse 1. Fast sämtlicher in der Natur vorhandener Wasserstoff besteht aus diesen Atomen. Ungefähr jedes 7000ste Wasserstoffatom ist jedoch doppelt so schwer, seine Atommasse ist somit 2. Es kann natürlich nicht zwei Protonen enthalten, denn dann wäre es bereits ein anderes Element, das Edelgas Helium. Wie kommt dann seine doppelte Masse zustande? Es enthält zusätzlich einen weiteren Kernbaustein, ein elektrisch neutrales Neutron, das ebenso schwer wie ein Proton ist. Eine dritte Sorte von Wasserstoffatomen läßt sich künstlich herstellen. Sie haben die Atommasse 3. Dies bedeutet, daß ihr Kern aus einem Proton und zwei Neutronen besteht. Derartige unterschiedlich schwere Atome ein und desselben Elements bezeichnet man als Isotope. Wasserstoff besitzt demnach drei Isotope: den normalen Wasserstoff mit der Atommasse 1, den schweren Wasserstoff (Deuterium) mit der Atommasse 2 und schließlich als drittes Isotop den überschweren Wasserstoff (Tritium) mit der dreifachen Atommasse. Das Element Kohlenstoff hat ebenfalls verschiedene Isotope. Die meisten Kohlenstoffatome weisen eine Atommasse von 12 auf. Für die Altersbestimmung von Bedeutung ist jedoch das um zwei Neutronen schwerere C 14-Isotop. Dieses radioaktive Isotop ist nicht beständig. Es wandelt sich mit einer Halbwertszeit von 5730 Jahren in Stickstoff um. Halbwertszeit bedeutet, daß – in diesem Fall nach 5730 Jahren – die Häfte der ursprünglichen Atome zerfallen ist. Nach 29 000 Jahren hat sich der anfängliche C 14-Gehalt sogar auf nur noch drei Prozent verringert. Diese Tatsache nutzt man bei der Altersbestimmung mit der Radiokarbonmethode.

Pflanzen nehmen bei ihrer Photosynthese aus der Luft Kohlenstoff in Form von Kohlendioxyd auf und bauen diesen in ihre organische Körpersubstanz ein. So enthält beispielsweise das Holz der Bäume diesen aufgenommenen Kohlenstoff. Zum Zeitpunkt der Aufnahme entspricht das Verhältnis des normalen C 12-Kohlenstoffs zum radioaktiven C 14-Isotop der in der Natur vorhandenen Häufigkeit. 5730 Jahre später ist dagegen der C 14-Anteil auf die Hälfte abgesunken. Gelingt es nun, den C 14-Gehalt eines alten Holzstückes zu ermitteln, dann läßt sich dessen Alter errechnen. In der gleichen Weise kann man bei Textilresten, bei Holzkohle, überhaupt bei jeglichem kohlenstoffhaltigen organischen Material verfahren. Allerdings beginnt bei etwa 40 000 Jahren die Ungenauigkeit derart groß zu werden, daß für ältere Fundstücke eine Altersermittlung wenig Sinn hat. Ein zweites Problem ergibt sich aus der Tatsache, daß der C 14-Anteil in der Luft im Laufe der Jahrtausende nicht konstant, sondern Änderungen unterworfen war. Aus diesem Grund waren jahrelang die Alterswerte mit Fehlern behaftet. Glücklicherweise fand man ein Verfahren, das nicht vom C 14-Gehalt abhängt und zudem sehr genaue Alterswerte liefert.

Die Jahresringe und die Dendrochronologie

Mit Hilfe von Mammutbäumen, die 3000 Jahre alt werden, und der kalifornischen Borstenkiefer, die sogar ein Lebensalter von 5000 Jahren erreicht, konnte man zunächst Holzproben bis etwa 5000 v. Chr. datieren. In den letzten Jahren gelang es Forschern von der Universität Hohenheim, vor allem Professor Bernd Becker, aus fossilen Eichenstämmen einen lückenlosen Jahresringkalender zu erstellen, der bis ins Jahr 9000 v. Chr. zurückreicht. Durch einen Vergleich der genauen dendrochronologischen Alterswerte mit Radiokarbondaten war es möglich, die C 14-Methode zu eichen. Dabei zeigte es sich, daß die Radiokarbonwerte in der Regel zu niedrig waren. Weiter zurückreichende Daten mußten teilweise um mehrere Jahrhunderte korrigiert werden (Abb. 85). Lag der C 14-Alterswert beispielsweise bei 3200 v. Chr., so beträgt der absolute, der dendrochronologisch korrigierte Wert 3750 v. Chr. Ein mit der Radiokarbonmethode auf 5000 v. Chr. datierter Fund stammt in Wirklichkeit aus der Zeit um 5850 v. Chr.

Zahlreiche Datierungsprobleme konnten mit diesen Verfahren inzwischen gelöst werden. Einige warten noch auf ihre Klärung. So ist der Zeitpunkt, an dem die Anden angehoben wurden, noch umstritten. Hier könnte ein ehemaliger Ufersaum weiterhelfen, der in 3000 Meter Höhe über der Pazifikküste sichtbar ist. Sicher enthält er, wie die Uferzonen heutiger Meeresküsten, Schalen und andere Überreste von Meerestieren, wie etwa der bekannten Seepocken. Bei gezielter Suche sollten sich darin Reste von *Chitin* und anderen organischen Materials finden lassen. Anhand dieses Materials wäre eine einwandfreie Altersbestimmung möglich. Es sollte nicht verwundern, wenn die Messungen eine große Naturkatastrophe vor rund 6000 Jahren bestätigten.

Nicht weniger interessant wäre eine exakte Altersbestimmung der Eisengewinnungsanlage, die der französische Taucher Pierre Vogel vor der Küste bei Marseille entdeckte. Aus der Meerestiefe, in der sich die Hochofenanlage heute befindet, konnte das erstaunliche Alter von rund 8000 Jahren abgeleitet werden. Bei

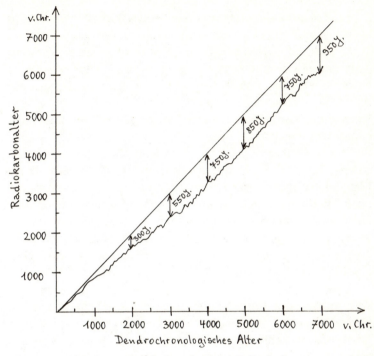

Abb. 85: Das korrigierte Radiokarbonalter (nach B. Becker)

sorgfältiger Suche müßte man in den alten Hochöfen Holzkohlereste finden. Ein einziges Stück Holzkohle würde genügen, um mit der Radiokarbonmethode das hohe Alter der Hochöfen endgültig abzusichern.

Ein weiteres Beispiel, bei dem eine Untersuchung lohnend wäre, sind die Tierfiguren, die Dr. Manson Valentine in den Höhlen Yukatans fand. Diese Skulpturen sind zum Teil mit einer Kruste von Meerestieren überzogen, folglich müssen sie nach ihrer Aufstellung zeitweilig von Meerwasser bedeckt gewesen sein. In diesem Fall könnte eine Altersdatierung nicht nur Rückschlüsse auf das Alter der Tierplastiken erlauben, sondern zugleich Auskunft über Hebungen und Senkungen im Bereich der mittelamerikanischen Atlantikküste geben.

239

Die Radiokarbonmethode und die Dendrochronologie, die sich ausgezeichnet ergänzen, lassen sich allerdings nur auf organisches Material anwenden. Fehlte es an einer Fundstelle, dann waren bis vor einiger Zeit keine zuverlässigen Altersangaben zu erhoffen. Das hat sich in den letzten Jahren erfreulicherweise durch das *Thermolumineszenzverfahren* geändert, mit dessen Hilfe sich Keramikreste oder aus Ton gebrannte Skulpturen recht genau datieren lassen.

Dabei kann ein Alter zwischen 1000 und 100 000 Jahren erfaßt werden. Bestehen Fundgegenstände allerdings aus mineralischem Material, das nicht erhitzt wurde, dann versagt das so ausgezeichnete Thermolumineszenzverfahren. Hier nun wären weitere Datierungsmethoden wünschenswert. Denken wir nur an die Unterwassermauern vor der Küste Marokkos. Solange sich keine Keramikreste oder gebrannte Skulpturen finden, kann das Alter nur geschätzt werden. Es müßte jedoch möglich sein, daß man unter Ausnutzung der Erosionswirkung ein Datierungsverfahren entwikkelt, so daß man aufgrund der chemischen und physikalischen Veränderungen feststellen kann, wie viele Jahrtausende eine Gesteinsoberfläche den Angriffen des Salzwassers ausgesetzt war. Selbstverständlich wäre dabei jede Gesteinsart gesondert zu betrachten. Ein vulkanisches Gestein wird anders auf die Einwirkung des Meerwassers reagieren als etwa Granit oder Kalkstein.

Ähnliches gilt für die Gesteine, die auf dem Festland den Witterungseinflüssen ausgesetzt waren, beispielsweise den Kalkstein, den man zum Bau der ägyptischen Pyramiden verwendete. Der Bauzeitpunkt von Djosers Stufenpyramide ist bekannt, ebenso zahlreicher Pyramiden und Tempel ab der 5. Dynastie. Das Alter der Cheopspyramide und der großen Sphinx und ihre zeitliche Zuordnung zu König Chufu (Cheops) dagegen wurde wiederholt angezweifelt. Die Tatsache, daß diese Zweifel von sogenannten Außenseitern stammen, enthebt nicht der Forderung nach einer exakten Datierung.

In diesem Zusammenhang sei auch an die zum Teil erst vor wenigen Jahren in Australien entdeckten großen Pyramiden erinnert. So stellt der Pyramidenkomplex von Brisbane in Queensland die Prähistoriker vorläufig noch vor ein Rätsel. Eine 30 Meter hohe Stufenpyramide mit 18 Stufen bildet mit zwei Schuttpyramiden eine Linie in der Nord-Süd-Richtung. Die beiden aus losem Gesteinsmaterial aufgeschütteten Pyramiden weisen bei einer Basislänge von 450 Metern eine Höhe von annähernd 210 Meter auf. Welche Kultur sie errichtet hat, ist bislang ebensowenig bekannt wie das Alter. Das gleiche gilt für eine weitere Schuttpyramide bei Rockhampton und drei nahezu 300 Meter hohe Erdpyramiden bei Cooma im Victoria-Land. Die Ureinwohner Australiens, die Aborigines, behaupten nach Aussage des Archäologen Dr. Rex Gilroy, daß diese riesigen Anlagen in vorgeschichtlicher Zeit von »Kulturbringern« erbaut worden seien, die in »großen Vögeln vom Himmel herabkamen«. Wie wertvoll wäre in diesen Fällen eine zuverlässige Datierung!

Spurenelemente verraten die Herkunft

Vielleicht gelingt es eines Tages Geochemikern, geeignete Methoden zur Altersbestimmung an Gesteinsoberflächen zu entwickeln. Dann ließen sich die rätselhaften Granitkugeln in Costa Rica ebenso datieren wie zahlreiche Megalithbauten, deren Alter bislang nur geschätzt werden kann, da datierbare Kult- oder Gebrauchsgegenstände weder im Inneren noch in der unmittelbaren Umgebung gefunden wurden.

Nicht minder wichtig für die Klärung noch offener Fragen sind die Methoden, mit deren Hilfe sich die genaue Zusammensetzung eines Materials ermitteln läßt. Hier darf die archäologische Forschung wertvolle Hilfe von der Isotopenanalyse erhoffen. Welche erstaunlichen Möglichkeiten in ihr stecken, zeigte sie bereits vor 20 Jahren, als es darum ging, die Entstehungsgeschichte unseres Mondes zu enträtseln. Ein Vergleich von Mondgesteinen mit irdischem Material ergab gewisse Unterschiede in der Isotopenzusammensetzung. Daraus ging eindeutig hervor, daß sich vor 4,5 Milliarden Jahren, kurz nachdem unser Sonnensystem entstanden war, der Mond von unserer Erde abgetrennt hatte. Auf das sehr aufwendige Meßverfahren, bei dem mit einem Massenspektrometer die verschiedenen Isotope aufgrund ihrer unterschiedlichen Masse getrennt und anschließend registriert werden, soll hier nicht näher eingegangen werden. Es genügt zu wissen, daß sich dabei das genaue Häufigkeitsverhältnis der Isotope feststellen läßt. Im IV. Kapitel wurde bereits die Bedeutung der Isotopenanalyse bei der Untersuchung einer Cerlegierung dargelegt. Das Isotopenverhältnis der darin enthaltenen Elemente entspricht derart genau irdischen Stoffen, daß sich ein außerirdischer Ursprung der Legierung ausschließen läßt. Gleichzeitig beweist das Fehlen einiger Seltener Erdmetalle wie Samarium, Europium oder Gadolinium, daß die Legierung künstlich hergestellt wurde. In natürlich entstandenem Material, ganz gleich, ob es sich um irdische Materialien, um Mondgestein oder Meteorite handelt, sind diese chemischen Elemente nämlich stets enthalten. Ferner bieten sich die Gesteinsschlacken aus schottischen Ringwällen förmlich für eine Analyse an. Zahlreiche Ringwälle im Nordosten Schottlands, die vor rund 2500 Jahren errichtet wurden, lassen Spuren einer starken Hitzeeinwirkung erkennen. Eine Isotopenuntersuchung der dabei entstandenen Schlacken könnte möglicherweise die Entstehungsursache aufklären.

Eines der vielversprechendsten Verfahren ist die *protoneninduzierte Röntgenstrahlenemission*, ein fürwahr abschreckend wirkender Name. Die neuartige Methode hat bereits ihre ersten Bewährungsproben bestanden. Zwei Beispiele sollen uns dies veranschaulichen. In Nordamerika wurde in vorgeschichtlicher Zeit ein vulkanisches Glas, der sogenannte Obsidian, zur Herstellung von Werkzeugen verwendet. Als man seine Zusammensetzung mit derjenigen von Obsidian aus Vulkanen in Britisch-Kolumbien verglich, stimmten die Analysenergebnisse auch im kleinsten Detail überein. Das war der Beweis für die Herkunft des Geräteobsidian aus diesem Vulkangebiet.

Bei Bleigegenständen aus der Römerzeit verrieten die Anteile der nur in Spuren vorhandenen Verunreinigungen den Ursprung des verwendeten Bleis. Durch Vergleiche mit Blei bekannter Herkunft ließen sich die jeweils in Frage kommenden Bleibergwerke ermitteln. Hier eröffnet sich nun ein weiteres Anwendungsfeld. So wäre sicher die Ursprungsheimat manches umstrittenen archäologischen Fundes herauszufinden. Denken wir nur an die barttragenden Skulpturen, die man in Amerika fand, deren Stilmerkmale jedoch für eine europäische oder asiatische Herkunft sprechen. Man kennt auch beispielsweise die Jadefundplätze des Altertums. Ähnlich wie beim Obsidian müßte sich durch vergleichende Messungen auch der Herkunftsort der Jade nachweisen lassen. Sicherlich könnte auch die Herkunft anderer rätselhafter Objekte aus dem Kapitel »Meisterleistungen der Technik« geklärt werden. Die Bronze, aus der das Räderwerk von Antikythera besteht, dürfte genügend Spurenelemente enthalten, um die Erdregion zu verraten, in der man die benötigten Erze gewann. Denn für griechische oder ägyptische oer amerikanische antike Bronze wurden sicher unterschiedliche Kupfer- und Zinnerze verwendet. Die merkwürdigen Schädel aus Bergkristall sollten durch feine Unterschiede in der Beimischung seltener Elemente zumindest das Ursprungsland des Rohmaterials preisgeben. Bei der nichtrostenden Eisensäule in Dehli schließlich ließe sich der Fundort der Eisenerze und eventuell auch die Gegend ermitteln, in der die Verhüttung der Erze erfolgte. Ähnliches gilt für die chinesische Gürtelschnalle aus einer Aluminiumlegierung.

Ausgerüstet mit den modernsten Untersuchungsmethoden ließen sich auch Probleme angehen wie die 1961 von Professor Chi-Pen-lao entdeckten riesigen Pyramidenreste und Felszeichnungen. Da deren Alter auf 45 000 Jahre geschätzt wird, wäre eine Klärung der Altersfrage von großer Bedeutung.

Die Suche auf dem Meeresboden

Besondere Aufgaben im Zusammenhang mit der Suche nach dem ursprünglichen Sitz der Antiliden dürften der Unterwasserarchäologie zukommen. Dieser relativ junge Forschungszweig vermag im Mittelmeerraum bereits erstaunliche Erfolge vorzuweisen. Einige der großartigsten griechischen Skulpturen wurden von Unterwasserforschern zutage gefördert. Die Methoden zur Untersuchung ehemaliger Schiffsladungen, die heute im Meeressand versunken sind, ließen sich gleichermaßen gut im einstigen Küstenbereich untergegangener Inseln einsetzen.

Wo eine Unterwasser-Spurensuche beginnen sollte? Zunächst auf den Bahamabänken. Dort haben private Taucher und Forschungsgruppen bereits hervorragende Vorarbeit geleistet. Außerdem bietet die relativ geringe Meerestiefe besonders gute Erfolgsaussichten. Jetzt wäre es an der Zeit, daß staatliche Institutionen, denen ein Etat an Forschungsgeldern zur Verfügung steht, die Arbeiten weiterführen. Auch Marinetaucher der verschiedensten Nationen könnten nach diplomatischer Absprache dort Übungen absolvieren und bei dieser Gelegenheit wertvolle Forschungsarbeit leisten.

Ein weiteres lohnendes Ziel sind die Flachwasserzonen vor den Küsten Süd- und Mittelamerikas. Bei einer Breite von teilweise mehreren 100 Kilometern weist dieser Schelfgürtel nur eine Tiefe von bis zu 200 Metern auf. Da in der letzten Eiszeit der Meeresspiegel 90 Meter tiefer lag als heute, waren große Teile dieser Gebiete jahrtausendelang Festland. Im Sand vor der Nordküste Ecuadors fand man schon vor Jahrzehnten zahlreiche Statuetten und andere Gegenstände, vor allem eine große Anzahl von Siegeln mit Tieren und hieroglyphenartigen Eingravierungen. An den Küsten Yukatans und Belizes führen heute noch steinerne Pflasterstraßen vom Ufer aus ins Meer. Diese uralten Straßen sind geradezu Wegweiser zu ehemaligen Siedlungs- oder Kultplätzen. Gleichzeitig erlaubt die Tiefe, bis zu der sie führen, Rückschlüsse auf ihre Entstehungszeit. Vor 8000 Jahren beispielsweise lag der Meeresspiegel rund 15 Meter unter seinem heutigen Niveau. Gehen wir davon aus, daß es in den vergangenen Jahrtausenden zu keinen nennenswerten tektonischen Hebungen oder Senkungen im Küstenbereich kam, dann wären Straßen oder Mauerreste in dieser Tiefe mindestens 8000 Jahre alt.

Größere Meerestiefen stünden den Tiefseetauchbooten, wie etwa der *Archimède* der Franzosen, offen. Sicher ließen sich mit derartigen Unterwasserfahrzeugen die ersten Erfolge, wie die einer französischen Forschergruppe am Steilabfall der Großen Bahamabank, weiter ausbauen. Auch dem Mittelatlantischen Rücken sollte man erhöhte Aufmerksamkeit schenken, besonders im Azorenbereich und auf dem Unterwasserplateau um die St. Peter- und St. Paul-Insel. Dabei geht es nicht nur um eine Suche nach etwaigen Mauerresten, Treppen und anderen Artefakten. Wünschenswert sind auch weitere Bohrungen in den Meeresgrund. Die anschließende Analyse der Bohrkerne würde vermutlich wichtige Hinweise auf Veränderungen in diesem Atlantikbereich geben. Sie könnten zeigen, wie weit das Festlandsgestein, das sich an manchen Inselküsten findet, auch am Meeresgrund vorhanden ist. Enthielten diese Bohrproben darüber hinaus rezente Süßwasseralgen, so würde dies ein Absinken dieser Gebiete in geologisch junger Vergangenheit bestätigen.

Schließlich sei noch auf eine archäologische Erkenntnis aus dem europäischen Siedlungsbereich hingewiesen, deren Berücksichtigung interessante Ergebnisse erwarten läßt. Es ist dies die Beobachtung, daß Heiligtümer oftmals auf den Überresten älterer Kultstätten errichtet wurden. So wissen wir, daß sich zahlreiche christliche Kirchen auf Ruinen römischer Tempel befinden. Diese wiederum waren auf keltischen oder steinzeitlichen Heiligtümern erbaut worden in der Annahme, daß es sich bei den Standorten um Plätze besonderer Kraft, um sogenannte Energiezentren, handele. Kennt man derartige Zusammenhänge, dann erscheint es vielversprechend, beispielsweise in das Innere der mittelamerikanischen Pyramiden sowie in alten Siedlungsplätzen entlang der amerikanischen Küsten und auf den vorgelagerten Inseln in tiefere Bodenschichten vorzudringen. Sollten sich dort nicht Spuren noch unbekannter Frühkulturen finden lassen?

Die Menschen jener technischen Hochzivilisation, die wir Antiliden nennen, kennen wir vorläufig nicht. Vielleicht liegen einzelne Skelette oder Schädel bereits unerkannt in einem Museum. Sie besaßen vermutlich eine langgestreckte Schädelform vom Typ des Cro-Magnon-Menschen. Es gibt jedoch, wie einige Kapitel dieses Buches zu zeigen versuchten, hinreichende Zeugnisse ihrer erstaunlichen Leistungsfähigkeit. Diese zeigen ganz klar, entgegen der Meinung mancher Skeptiker, daß es sich um keine Fata Morgana handeln kann. Sie erscheinen gewissermaßen wie ein stummes Vermächtnis, das zur Suche nach bislang noch verborgenen Wegen der Menschheitsentwicklung anspornt. Eines läßt sich jedenfalls jetzt schon sagen: Die evolutionäre Entfaltung des Homo sapiens sapiens lief sicher nicht so geradlinig, wie es nach dem bisherigen Geschichtsbild den Anschein hat. Es gab mindestens einen außergewöhnlichen kulturellen Höhepunkt weit vor den bekannten alten Hochkulturen. Wie wenig im Grunde bisher über die Kulturen der Eiszeit und Nacheiszeit bekannt ist, mögen die drei folgenden Beispiele zeigen.

Ein uralter Tierkult?

Die Kalksteinhöhlen bei Loltun auf der Halbinsel Yukatan enthalten großartige Felsbilder (Abb. 86, s. Bildteil) einer unbekannten Kultur. Ihr Alter läßt sich vorerst nur schätzen. Wahrscheinlich lebten die Urheber dieser Felszeichnungen vor etlichen tausend Jahren.
Ähnlich ist es mit den gravierten Steinen aus den Höhlen einer Insel im Norden von Haiti (Abb. 87, s. Bildteil). Die Frösche, Eidechsen, Gesichter und Fruchtbarkeitssymbole wurden vermutlich vor Jahrtausenden von einer ebenfalls nicht bekannten Kultur in den Stein geritzt. Auch in anderen Erdregionen finden sich in den Küstenbereichen rings um die großen Ozeane zahlreiche Höhlen mit uralten Tierdarstellungen und Symbolen. Sind diese eindrucksvollen Tierbilder die ersten kulturellen Äußerungen der Antiliden oder Ausdruck ihrer Einflüsse auf andere Kulturen? War ihre Religion womöglich ein Kult mit Tiergöttern? Gehen die Ursprünge der ägyptischen tierköpfigen Göttergestalten auf eine derartige Urreligion zurück? Alles Fragen, auf die es vorläufig keine Antworten gibt.

Steinzeitliche Mondbeobachtungen mit dem Teleskop

Eine Entdeckung in der ehemaligen UdSSR zeigt, welche archäologischen Überraschungen auch am Ende des 20. Jahrhunderts noch möglich und wie wenig manche Gebiete der Erde bisher erforscht sind. Vor einiger Zeit entdeckte Suren Petrossjan in einem Gebirge nahe des Sewansees in Armenien die Reste einer steinzeitlichen Sternwarte. Vor rund 5000 Jahren hatten Menschen hier in 3000 Meter Höhe mehrere Sternbilder wie Schwan, Skorpion, Schütze, Stier, Orion und Löwe in den Fels graviert. Eine Steinplatte war besonders interessant. Sie enthielt eine Darstellung des mit Kratern übersäten Mondes. Mondkrater lassen sich aber nur mit einem Teleskop erkennen. Welche Kultur führte vor Jahrtausenden im armenischen Hochgebirge astronomische Fernrohrbeobachtungen durch? Derartige Entdeckungen sollten dazu ermuntern, die Suche nach weiteren Belegen für die Existenz der Antiliden zu intensivieren. Alte Texte und Karten können dabei weiterhelfen. Speziell die Archive von Bibliotheken, die nicht regelmäßig wissenschaftlich bearbeitet werden wie die von Klöstern oder alten Herrschaftshäusern, könnten sich als wahre Fundgruben erweisen. Eingehende Analysen von Fundgegenständen könnten dabei helfen, den Stand der Antiliden-Technologie immer genauer zu rekonstruieren. Fundobjekte wie die im IV. Kapitel beschriebenen Metallegierungen lassen erwarten, daß diese untergegangene Kultur noch manche Überraschung bereithält.

Die Untersuchungsmethoden sind so weit fortgeschritten, daß reelle Erfolgschancen bestehen, auch den Sitz dieser Kultur, das sagenhafte Antilia, nachzuweisen. Was wußte die Altertumsforschung vor 200 Jahren über die ägyptische Hochkultur? Ihre Entdeckung begann erst durch die Wissenschaftler, die mit Napoleon an den Nil gelangten. Die Sumerer entzogen sich sogar bis zur Jahrhundertwende unserer Kenntnis. Erst mit den Ausgrabungen von Ur, Uruk und anderen Städten trat diese Kultur in den Gesichtskreis der Historiker. Die Hochkultur *Dilmun* auf der Insel Bahrain wurde sogar erst 1969 durch Geoffrey Bibby bekannt.

Nachwort

Abschließend sei hier nochmals die bereits in der Einleitung geäußerte Bitte um Zusammenarbeit an interessierte Wissenschaftler aller Disziplinen ebenso wie an begeisterungsfähige Amateure gerichtet. Jeder neue Gedanke und jedes auch noch so kleine Suchprogramm kann ein Schritt weiter sein auf dem Wege zur endgültigen Enträtselung der ersten alten Hochzivilisation. Angesichts der jüngsten Metallfunde müssen wir damit rechnen, daß die Suche zu einer Reise in wissenschaftliches Neuland wird und uns möglicherweise zwingt, festgefügte Vorstellungen vom Ablauf der biologischen und geistigen Evolution des Menschen aufzugeben. Gerade deshalb sollten wir nicht zögern und die Worte Ivar Lissners als Ermunterung mit auf die Reise nehmen:

»Wenn du erkennst, was Generationen vor dir erstrebt, erdacht und erschaffen haben, dann erst wirst du die Möglichkeiten deines eigenen kurzen Lebens erkennen und nutzen. Und du wirst wissen: Hier stehe ich auf einem ungeheuren Berg menschlicher Geschichte und Kultur, den andere in ungezählten Jahrtausenden für mich zusammengetragen haben. Kleiner Mensch, der du im 20. Jahrhundert lebst!«

Glossar

Andromedanebel: Eine große Nachbargalaxie unseres Milchstraßensystems in einer Entfernung von ungefähr 2,3 Millionen *Lichtjahren.* Wenn wir ihn in einer klaren Herbstnacht im Fernglas betrachten, dann gelangt Licht in unser Auge, das den Andromedanebel bereits vor mehr als zwei Millionen Jahren verlassen hat.

Aragonit und **Kalkspat** sind zwei Minerale, die aus reinem *Kalziumkarbonat* bestehen. Sie unterscheiden sich in ihrer Härte, vor allem aber in der Form ihrer Kristalle.

Archimède: Dieses lenkbare Unterwasserboot ist ein sogenanntes Bathyskaph. Es besteht aus einer dickwandigen Stahlkugel mit einem Innendurchmesser von zwei Metern, zur Aufnahme der Besatzung und des Antriebsaggregats. Diese Kugel ist derart stabil, daß sie einen Druck von 1100 bar und damit eine Tauchtiefe von 11 000 Metern verträgt. Die Tauchkugel ist mit einem Schwimmkörper verbunden, der 110 Tonnen Benzin enthält. Da Benzin leichter als Wasser ist, steigt das Tauchboot zur Wasseroberfläche, sobald mitgenommener Ballast abgeworfen wird.

Bauxit: Der in der Natur vorkommende Ausgangsstoff für die Aluminiumgewinnung enthält neben Aluminiumoxyd größere Anteile von Eisenoxyd und Siliziumdioxyd als Verunreinigung. Diese werden bei der Bauxitaufbereitung zunächst entfernt, da man für die Aluminiumherstellung reines Aluminiumoxyd benötigt.

Cairn: Die *Dolmen* waren ursprünglich stets von einem Hügel aus Steinen oder Erde bedeckt. Einen derartigen Steinhügel nennt man Cairn, einen Erdhügel dagegen Tumulus.

Chitin: Diese stickstoffhaltige Zuckerverbindung gehört zu den sogenannten Polysacchariden. Chitin kommt in den Panzern der Gliedertiere, aber auch in Weichtieren vor.

Cromlech: Ein derartiges vorgeschichtliches Steinmonument besteht aus zahlreichen, in einem Kreis angeordneten *Menhiren*. Cromlechs wurden von der Megalithkultur sowohl für Kulthandlungen als auch für astronomische Beobachtungen benutzt.

Die **Desoxyribonukleinsäure (DNS,** international hat sich die Abkürzung **DNA** – Säure = Acid – durchgesetzt) befindet sich in erster Linie in den Chromosomen des Zellkerns. In ihren fadenförmigen Riesenmolekülen sitzen die Gene wie Perlen einer Kette hintereinander aufgereiht. Jedes Gen wiederum besteht aus mehr als 100 Dreiergruppen von Aminosäuren. Dabei finden nur vier Aminosäuren Verwendung: Adenin (A), Cytosin (C), Guanin (G) und Thymin (T). Dies bedeutet, daß die Beschaffenheit eines Gens durch die Reihenfolge, in der sich die Aminosäuren abwechseln, durch die sogenannte Sequenz, bestimmt wird.

Beispiel: G-T-A-A-C-T-G-G-G-A-T-T-...

A-C-C-C-G-A-T-A-A-G-C-T-...

Dilmun: Im 3. Jahrtausend v. Chr. begann sich auf der im Persischen Golf gelegenen Insel Bahrain die Hochkultur Dilmun zu entwickeln. Den Höhepunkt ihrer kulturellen Entwicklung erreichte sie um 2000 v. Chr. In dieser Zeit entstanden auf der Insel mehr als 100 000 Grabhügel mit Durchmessern bis zu 20 Metern.

Dolmen: Ein ehemaliges Steingrab. Bedeutet vom Wortsinn her »Stein-Tisch«. Tatsächlich erinnert sein Aussehen an einen riesigen steinernen Tisch. Die Wände bilden flache Tragsteine. Als oberer Abschluß dient ein großer tafelförmiger Deckstein, der mitunter mehrere Meter lang ist. Bei den länglichen Ganggräbern besteht die Abdeckung aus mehreren Steinplatten.

Erdbeschleunigung: Infolge der Gravitation erfährt ein beweglicher Körper, z.B. ein fallender Stein, eine Beschleunigung in Richtung Erdmittelpunkt, das heißt, seine Geschwindigkeit wird in dieser Richtung ständig größer. Die Höhe der Erdbeschleunigung hängt davon ab, wie weit der Körper vom Erdmittelpunkt entfernt ist. Mit zunehmender Entfernung nimmt die Erdbeschleunigung ab.

Fuß: 1 Fuß ist ein Längenmaß, das in vielen Kulturen Verwendung fand. Er mißt ungefähr 30 Zentimeter.

Galaktische Rauschstrahlung: Diese Radiostrahlung entsteht in unserem Milchstraßensystem, wenn sich elektrisch geladene Teilchen um magnetische Kraftlinien bewegen. Ihre Frequenz liegt unter einem *Gigahertz*. Sie stört als »Rauschen« den Empfang von Signalen in diesem Frequenzbereich.

Galaxie: Sterne existieren nicht einzeln isoliert im Weltall. Man findet sie in riesigen Sternansammlungen, den Galaxien, vereinigt. Eine derartige Galaxie enthält viele Milliarden Sterne. Die Galaxie, der unsere Sonne angehört, bezeichnet man als Milchstraßensystem.

Gammaspektrometrie: Läßt man Gammastrahlen auf die zu untersuchende Materialprobe auftreffen, so werden aus diesem Material Sekundärelektronen herausgelöst. Das Energiespektrum der Sekundärelektronen wird registriert und anschließend analysiert.

Genbestand: Sämtliche Eigenschaften eines Lebewesens werden durch seine Gene, die sogenannten Erbanlagen, bestimmt. Der Mensch besitzt viele tausend Gene, von denen rund 1000 genau erforscht sind.

geostationäre Umlaufbahn: Umkreist ein Satellit in 36 000 Kilometer Höhe die Erde, so benötigt er für einen Umlauf genau 24 Stunden. Da ein Beobachter auf der Erdoberfläche in der gleichen Zeit ebenfalls einmal »die Erde umrundet«, zeigt der Satellit für ihn keine Veränderung der Himmelsposition und scheint somit stationär am Himmel zu stehen. Eine derartige Umlaufbahn bezeichnet man daher als geostationär.

Gestaltenwechsel des Planeten **Venus:** Da sich die Venus innerhalb der Erdbahn um die Sonne bewegt, treten bei ihr – ähnlich wie bei unserem Mond – verschiedene Beleuchtungsphasen auf. Steht sie von der Erde aus gesehen hinter der Sonne, so ist sie voll beleuchtet. Befindet sie sich zwischen Sonne und Erde, ist sie unbeleuchtet. Bei ihrem größten seitlichen Abstand von der Sonne sehen wir sie jeweils zur Hälfte angestrahlt. Beim Mond dauert ein vollständiger Phasenwechsel 29,53 Tage. Die Periode beim Gestaltenwechsel der Venus beträgt 584 Tage.

Gigahertz: Unter der Frequenz versteht man die Anzahl von Schwingungen pro Sekunde. Sie wird in Hertz (Hz) gemessen. Ein Megahertz (MHz) bedeutet eine Million Schwingungen in der Sekunde, ein Gigahertz (GHz) eine Milliarde Schwingungen. Von dieser Frequenz hängt die Wellenlänge der elektromagnetischen Schwingungen ab. Bei 1 MHz beträgt die Wellenlänge 300 Meter, bei 1 GHz nur noch 30 Zentimeter.

Globigerinenkalk, Endprodukt aus Globigerinenschlamm, einem marinen Sediment in 2000–5000 Meter Tiefe, im wesentlichen aus Schalen von Foraminiferen.

G-Sterne: Sterne unterscheiden sich in verschiedenen Merkmalen wie Masse, Leuchtkraft und Spektraltyp. Bei ihrer Einteilung in Spektralklassen werden vor allem die Buchstaben O, B, A, F, G, K und M verwendet. O- und B-Sterne besitzen eine besonders hohe Oberflächentemperatur, M-Sterne dagegen sind sehr kühl. Unsere Sonne gehört zu den G-Sternen, die ihren eventuell vorhandenen Planeten günstige Bedingungen für eine Lebensentstehung bieten.

Hauptreihensterne: Sterne, oft auch Fixsterne genannt, sind Sonnen in extrem großer Entfernung. Sie durchlaufen, nachdem sie aus einem Gas- und Staubnebel entstanden sind, verschiedene Entwicklungsstadien. Diese Stadien hängen von der Art der Energieerzeugung ab. Solange die Sterne Wasserstoff in Helium umwandeln, befinden sie sich in einem sehr stabilen Zustand. Da sie in diesem Zustand oftmals für Jahrmilliarden verweilen, sind sie unter den benachbarten Sternen besonders häufig anzutreffen. Man bezeichnet sie dann als Hauptreihensterne.

heliakischer Aufgang: Sterne sind tagsüber infolge der Sonnenhelligkeit nicht sichtbar. Da die Erde jedes Jahr einmal um die Sonne wandert, wechselt die Sichtbarkeit der Sterne. Diejenigen, die im Sommer am Nachthimmel zu sehen sind, befinden sich im Winter am Taghimmel und sind damit unsichtbar. Der heliakische Aufgang ist der Zeitpunkt im Jahr, an dem ein Stern zum ersten

Mal in der Morgendämmerung sichtbar über dem Horizont aufgeht.

Herzblattdarstellung: Zahlreiche Kartographen des 16. Jahrhunderts verwendeten als Projektionssystem für ihre Karten die sogenannte Herzprojektion. Das Gradnetz der auf diesem Wege angefertigten Karten erhält ein herzblattförmiges Aussehen.

Jungtertiär: Das Tertiär ist die zweitjüngste geologische Formation der Erde. Es begann vor 60 Millionen Jahren nach der Kreidezeit und endete vor einer Million Jahren. Das Jungtertiär umfaßt die letzten Jahrmillionen vor dem Quartär, der jüngsten Formation, die bis zur Gegenwart reicht.

Kalkspat: s. Aragonit.

Kalziumkarbonat ist ein Salz der Kohlensäure mit der chemischen Formel $CaCO_3$. Es bildet in der Natur sehr häufig Gesteine wie Kalkstein und *Marmor*.

Kompaßrosen: Jede *Portolankarte* besitzt mehrere Zentren, von denen meist 16 oder 32 Linien strahlenförmig ausgehen. Die Ähnlichkeit mit der Kompaßeinteilung führte zu der Namensgebung. Bevor man eine Portolankarte in ein modernes Gradnetz übertragen kann, muß die geographische Lage der Zentralpunkte von den einzelnen Kompaßrosen bekannt sein.

Kontinentalplatten: Die Erdkruste bildet keine zusammenhängende Schicht, sondern setzt sich aus mehreren Teilstücken, den Kontinentalplatten, zusammen. Durch eine Unterströmung im sehr heißen Erdmantel (Konvektionsströmung) bewegen sich diese Kontinentalschollen in bestimmten Richtungen.

Lanthanreihe (Lanthaniden): Sie umfaßt die Seltenen Erdmetalle, das heißt die 14 auf das Lanthan folgenden chemischen Elemente: Cer, Praseodym, Neodym, Promethium, Samarium, Europium, Gadolinium, Terbium, Dysprosium, Holmium, Erbium, Thulium, Ytterbium, Cassiopeium (= Lutetium). Da die chemischen Eigenschaften der Lanthaniden sehr ähnlich sind, treten sie in der Natur immer gruppenweise auf und lassen sich nur sehr schwer einzeln in reiner Form isolieren.

Lapitaleute: Sie waren die Vorfahren der Polynesier. Von den Admiralitätsinseln bei Neuguinea breitete sich diese Kultur ab

1500 v. Chr. 4000 Kilometer weit über den Pazifik aus. Um 1000 v. Chr. hatten diese ausgezeichneten Seefahrer bereits die Fidschi- und die Samoa-Inseln erreicht.

Latène-Kultur: Die zweite Kultur der Eisenzeit, die ab etwa 500 v. Chr. auf die Hallstatt-Kultur folgte. Träger dieser Kultur sind die Kelten. Die zahlreichen Metallgegenstände der Latène-Zeit zeichnen sich durch besonders formenreiche Verzierungen aus.

Lichtjahr: Um die beträchtlichen Entfernungen zwischen Sternen anzugeben, benutzt man dieses anschauliche Entfernungsmaß. Ein Lichtjahr ist die Strecke, die das Licht in einem Jahr durcheilt. Sie beträgt 9,46 Billionen Kilometer. Von der Sonne bis zu uns ist das Licht gut acht Minuten unterwegs, vom nächsten Fixstern bis zu uns 4,3 Jahre.

Magdalénien: In der Altsteinzeit (Paläolithikum) gibt es mehrere Kulturstufen. Eine der letzten ist das nach dem Fundort »La Madeleine« in Frankreich benannte Magdalénien. Es erstreckt sich über die Zeit von etwa 17 000 bis 9000 v. Chr. Im Magdalénien entstanden einige der schönsten Höhlenmalereien.

Marmor ist ein typisches Umwandlungsgestein. Es entstand aus Kalkstein unter Einwirkung von Hitze und hohem Druck.

Mastaba: Ein aus Steinen errichteter, altägyptischer Grabbau. Er hat die Form eines Pyramidenstumpfes mit rechteckiger Grundfläche. Darin wurden die Herrscher und hohen Würdenträger der ersten Dynastien beigesetzt.

Menhir: Menhire sind hoch aufragende Steine (bis 20 Meter), die vor allem von der Megalithkultur aufgestellt wurden. Sie dienten vermutlich Kultzwecken, zum Teil aber auch als Markierungspunkte für astronomische Beobachtungen.

Meteoreisen: Ein Teil der Meteorite, die aus dem Weltall auf die Erde gelangen, bestehen aus Meteoreisen. Diese sogenannten Eisenmeteorite enthalten über 90 Prozent Eisen. Zweiter Hauptbestandteil ist Nickel mit einem durchschnittlichen Anteil von 9 Prozent. Durch den hohen Nickelgehalt ist das Meteoreisen rostbeständig.

Mitochondrien: Feinkörnige, etwa 1/1000 Millimeter große Bestandteile des Plasmas von Pflanzen- und Tierzellen. Da sie zahlreiche Enzyme für die Zellatmung enthalten, läuft in ihnen der Energiestoffwechsel der Zellen ab. Man bezeichnet sie daher auch als Kraftwerke der Zellen.

Moränenschicht: Moränen bestehen aus Gesteinsmaterial, das von Gletschern abgelagert wurde. Ein oftmals lehmhaltiges Grundmaterial enthält zahlreiche Gesteinsbrocken unterschiedlicher Größe. Im Baltikum entstanden Moränen während der Eiszeiten, als sich große Gletscher bildeten bzw. am Ende der Eiszeiten wieder zurückzogen.

Neolithische Revolution: Sie begann nach dem Ende der letzten Eiszeit. Mit dem Abschmelzen der großen Gletscher nahm die Feuchtigkeit weltweit zu. In ehemaligen Wüstengebieten entstand eine neue Vegetation. Im sogenannten »Fruchtbaren Halbmond«, der sich vom Persischen Golf über Nordsyrien und die Levante erstreckte, gediehen Wildgräser, die Vorläufer der heutigen Getreidearten. Ab etwa 8000 v. Chr. ist ein Anbau von Emmer, Einkorn und Gerste nachweisbar. Etwa zur gleichen Zeit finden wir Ziege und Schaf als Haustiere, um 6000 v. Chr. auch Rinder. Der Mensch wandelt sich in dieser Zeit vom umherziehenden Sammler und Jäger zum seßhaften Viehzüchter und Ackerbauern. Gleichzeitig mit diesen Veränderungen der Lebensweise nimmt die Bevölkerungszahl deutlich zu. Es entstehen die ersten Städte wie beispielsweise Jericho. Ab 7000 v. Chr. ist auch eine Metallverarbeitung zu beobachten. Erste Gegenstände aus Kupfer werden angefertigt.

Neutronenaktivierungsanalyse: Bei diesem Verfahren wird das Untersuchungsmaterial mit Neutronen beschossen. Durch den Beschuß entstehen radioaktive Atomkerne, die unter Aussendung von Strahlung wieder zerfallen. Aus den charakteristischen Zerfallseigenschaften kann man die vorhandenen Atomarten bestimmen. Die Neutronenaktivierungsanalyse ist so empfindlich, daß sich geringste Spuren chemischer Elemente ermitteln lassen. Selbst weniger als $^1/_{10\,000\,000\,000\,000}$ Gramm eines Elementes werden noch registriert.

Oberer Kulminationspunkt: Bei der scheinbaren Bewegung der Sterne über den nächtlichen Himmel ändert sich deren Höhe über dem Horizont. Hat ein Stern seine größtmögliche Höhe erreicht, dann befindet er sich im oberen Kulminationspunkt.

paläomagnetische Gesteinsuntersuchungen: Viele Gesteine enthalten ferromagnetische Minerale. Auch in Lava und Sedimentgesteinen sind diese vorhanden. Unter dem Einfluß des Erdmagnetfeldes werden die Minerale in Richtung der magnetischen Kraftlinien ausgerichtet. Wenn nun das Lavamaterial erkaltet oder die Meeressedimente sich verfestigen, wird die Ausrichtung der Minerale fixiert. Bei einer paläomagnetischen Untersuchung kann man daher die Magnetisierungsrichtung feststellen, die bei der Gesteinsentstehung bestand. Aus der Deklination (Abweichung von der Nordrichtung) läßt sich die ursprüngliche Lage der irdischen Magnetpole ablesen. Die Inklination (Abweichung von der Horizontalen) dagegen hängt von der ehemaligen geographischen Breite und damit vom Polabstand ab. Aus der Inklinationsänderung in verschiedenen alten Gesteinen kann man daher die Verlagerung des Nordpols auf der Erde im Laufe der Jahrtausende erkennen.

Parther: Sie waren ursprünglich ein zwischen dem Aralsee und dem Kaspischen Meer beheimatetes Reitervolk. Ab 250 v. Chr. dehnten sie ihr Reich über den gesamten Iran bis zum Euphrat und dem Arabischen Golf aus. Um 226 n. Chr. wurden sie von den Sassaniden unterworfen.

Photosynthese: Bei der Photosynthese bauen die grünen Pflanzen mit Hilfe des Chlorophylls aus Kohlendioxyd und Wasser Traubenzucker auf. Die hierzu erforderliche Energie liefert ihnen das Sonnenlicht. Als Nebenprodukt wird dabei Sauerstoff freigesetzt. Durch die Photosynthese ist es den Pflanzen möglich, Sonnenenergie in Form von Kohlenhydraten zu speichern.

Plethren: 1 Plethron ist der sechste Teil von einem *Stadion* und damit 30,83 Meter lang.

Population: Eine ethnische Bevölkerungsgruppe, zum Beispiel eine menschliche Rasse.

Portolankarten: Das Gradnetz dieser im Mittelalter verwendeten Karten orientierte sich an den Himmelsrichtungen, wobei jede Karte in mehrere sogenannte *Kompaßrosen* unterteilt war.

Protoneninduzierte Röntgenstrahlenemission: Sie ermöglicht äußerst differenzierte chemische Analysen. Zur Untersuchung benötigt man nur sehr kleine Materialmengen. Diese beschießt man mit energiereichen Protonen, die in einem Teilchenbeschleuniger auf hohe Geschwindigkeit gebracht werden. Durch den Protonenbeschuß werden den Atomen der Materialprobe zahlreiche Elektronen entrissen. Anschließend füllen sich die Fehlstellen wieder mit Elektronen. Dabei wird Röntgenstrahlung freigesetzt, die für jedes chemische Element spezifische Merkmale aufweist. Selbst wenn von einem Element in der Probe nur geringste Spuren enthalten sind, läßt es sich anhand der von ihm ausgesandten Röntgenstrahlung einwandfrei erkennen.

radialsymmetrisch: Bei radialsymmetrischen Flächen oder Körpern gibt es mehrere Symmetrieachsen, die wie die Speichen eines Rades von einem Zentralpunkt aus radial nach außen verlaufen.

Radiostronomische Untersuchungen: Zahlreiche astronomische Objekte wie etwa Gaswolken zwischen den Sternen senden neben sichtbarem Licht auch elektromagnetische Wellen im Radiobereich aus. Diese können mit großen Parabolantennen, sogenannten Radioteleskopen, empfangen und anschließend analysiert werden.

Refraktor: Ein Linsenfernrohr, das sich aus einem meist zweilinsigen Objektiv und einem mehrlinsigen Okular zusammensetzt. Der Refraktor erzeugt umgekehrte, das heißt auf dem Kopf stehende Bilder; ein Umstand, der bei der Beobachtung von Himmelsobjekten nicht weiter stört.

Rhesusfaktor: Der Rh-Faktor ist in den roten Blutkörperchen vieler Menschen enthalten. Träger dieses Blutfaktors werden als Rh-positiv bezeichnet; Menschen, deren Blut der Faktor fehlt, dagegen als Rh-negativ.

Riesenmeteorite: In unserem Sonnensystem kreisen Millionen von Kleinstkörpern. Ihre Größe liegt zwischen weniger als einem Millimeter und vielen Metern. Stoßen derartige Objekte auf die Oberfläche eines Planeten oder Mondes, so bezeichnet man diese Fremdkörper aus Stein oder Nickeleisen als Meteorite. Zusammenstöße zwischen Riesenmeteoriten und einem Planeten führen zur Bildung großer Einschlagskrater.

Roter Riese: In diesem Entwicklungsstadium zeigt die äußere Gashülle des Sternes eine starke Expansion, der Stern beginnt sich aufzublähen. Wenn unsere Sonne in einigen Millionen Jahren diesen Zustand erreicht, dann wird sie sich so weit ausdehnen, daß Merkur, Venus und möglicherweise auch unsere Erde in ihrer glühend heißen Atmosphäre verschwindet.

Schneegrenze: Diese Grenzlinie trennt im Sommer die schneebedeckten Bergregionen vom schneefreien Gebiet. In den Alpen findet man die Schneegrenze in Höhe zwischen 2400 und 3200 Metern. In äquatornahen Hochgebirgen liegt sie höher.

Siderisches Jahr: Die Zeit, die zwischen zwei gleichen Stellungen der Sonne in bezug auf einen Fixstern verstreicht. Seine Länge beträgt 365 Tage, 6 Stunden, 9 Minuten und 9 Sekunden.

Simaschicht: Auf dem zähflüssigen Erdmantel schwimmt die feste Erdkruste. Sie besteht aus zwei Schichten. Die obere, etwa 25 Kilometer dicke Decke ist die leichte Sialschicht aus Granit. Der Name setzt sich aus ihren chemischen Hauptbestandteilen Silizium und Aluminium zusammen. Darunter befindet sich die schwere, im Durchschnitt zehn Kilometer dicke Simaschicht, in der Silizium und Magnesium vorherrschen und die im wesentlichen aus Basalt besteht.

Stadion: 1 Stadion, das wohl bekannteste altgriechische Längenmaß, beträgt 185 Meter.

Sumerer: In der Mitte des 4. Jahrtausends v. Chr. kamen die Sumerer als Einwanderer aus dem Osten in das *Zweistromland*. Ihnen gelang es, die häufigen Überflutungen endgültig unter Kontrolle zu bringen. Sie gründeten mächtige Städte wie Ur, Uruk und Eridu, erfanden die Keilschrift und wurden zu einer der bedeutendsten frühen Hochkulturen.

Thermolumineszenzverfahren: Diese moderne Methode nutzt die natürliche Radioaktivität mineralischen Materials aus. In Gesteinen, aber auch in deren Verwitterungsprodukten wie etwa Ton sind regelmäßig Atome von verschiedenen radioaktiven Isotopen enthalten. Da Keramik aus Ton hergestellt wird, sind sie also auch in dieser vorhanden. Je älter eine Keramikscherbe ist, desto länger konnte die Strahlung der radioaktiven Atome auf sie einwirken. Dabei verursacht diese Strahlung Störungen im Kristallgitter der Tonmineralien. Erhitzt man jetzt eine Keramikprobe, so werden diese »Kristallschäden« wieder rückgängig gemacht. Als Folge davon wird Lichtenergie freigesetzt, deren Intensität sich genau messen läßt. Je älter eine Materialprobe ist, desto stärker ist das Leuchten, die sogenannte Thermolumineszenz. Inzwischen ist diese Methode derart verfeinert, daß sich das Alter von weniger als 1000 Jahren zurück bis zu etwa 100 000 Jahren ermitteln läßt. Trotz dieser beachtlichen Zeitspanne beträgt der Meßfehler nicht mehr als zehn Prozent. Ein weiterer Vorteil ist, daß man zur Untersuchung nur Bruchteile eines Gramms benötigt. Auch ergaben erste Versuche, daß sich dieses Verfahren auf andere Materialien anwenden läßt. Wichtig ist nur, daß die zu untersuchenden Gegenstände bei ihrer Herstellung erhitzt wurden. Andernfalls würde man die gesamte Strahlung messen, die seit Entstehung des Gesteines vor Jahrmillionen freigesetzt wurde. Beim Brennen der Keramik werden sämtliche bisherigen Strahlenschäden beseitigt, so daß die Strahlenuhr von dem Zeitpunkt des Brennens an neu zu laufen beginnt.

Tropisches Jahr: Die Zeit, die zwischen zwei Durchgängen der Sonne durch den Frühlingspunkt verstreicht. Der Frühlingspunkt ist der Punkt, an dem die Sonne auf ihrer scheinbaren Bahn den Himmelsäquator am 21. März überschreitet. Die Dauer eines tropischen Jahres beträgt 365 Tage, 5 Stunden, 48 Minuten und 46 Sekunden.

21-cm-Wasserstofflinie: Wasserstoffatome, die sich zwischen den Sternen unseres Milchstraßensystems befinden, senden eine Radiostrahlung aus, deren Wellenlänge 21 Zentimeter und deren Frequenz 1420 MHz beträgt.

Zweistromland des Euphrat und Tigris: Die große Ebene in Südmesopotamien mit fruchtbarem Schwemmland. Zunächst siedelte hier die Obed-Kultur.

Literaturverzeichnis

Allen, Tom: Wesen, die noch niemand sah, Bergisch Gladbach 1966

Al-Makrizi: Das Pyramidenkapitel im Hitat, Leipzig 1911

Aschenbrenner, Klaus: Blick zu den Sternen, Frankfurt/Hamburg 1962

Aus Lehm und Gold. Über 7000 Jahre frühe technische Kultur. Ein dva-Sachlexikon, Stuttgart 1967

Alvarez, Walter und Asaro, Frank: Die Kreide-Teritär-Wende: Ein Meteoriteneinschlag?, in: Spektrum der Wissenschaften 12/1990

Bachmann, Emil: Wer hat Himmel und Erde gemessen? München 1965

Behrend, Jens-Peter und Schmitz, Eike: Wo lag Atlantis? Terra-X, Bergisch Gladbach 1988

Berlitz, Charles: Der 8. Kontinent, Augsburg 1991

Bernal, Ignacio und Simoni-Abbat, Mireille: Mexiko. Von den frühen Kulturen bis zu den Azteken, München 1987

Bibby, Geoffrey: Dilmun, Stuttgart 1973

ders.: Faustkeil und Bronzeschwert, Hamburg 1957

Boschke, Friedrich L.: Erde von anderen Sternen, Düsseldorf/Wien 1965

Braem, Harald: Das magische Dreieck, Stuttgart/Wien 1992

Braghine, Alexander: Atlantis, Stuttgart 1946

Breuer, Hans: Kolumbus war Chinese, München 1980

Breuer, Reinhard: Das anthropische Prinzip, Frankfurt/Berlin/Wien 1984

ders.: Kontakt mit den Sternen, Frankfurt/Berlin/Wien 1981

263

Brodde, Kirsten: Ahnensuche in Sprachen und Genen, in: DIE ZEIT 2/1992

Brucker, Ambros: Die Erde, München 1966

Brunner-Traut, Emma: Die Alten Ägypter, Stuttgart/Berlin/Köln/Mainz 1981

Büdeler-Naumann: Das Buch vom Metall, Gütersloh 1961

Cavalli-Sforza, Luigi L.: Stammbäume von Völkern und Sprachen, in: Spektrum der Wissenschaft 1/1992

Ceram, C. W.: Der erste Amerikaner, Hamburg 1972

ders.: Götter, Gräber und Gelehrte, Hamburg 1949

Charroux, Robert: Das Rätsel der Anden, München 1979

Clarke, Arthur C.: Geheimnisvolle Welten, München/Zürich 1981

Cotterell, Arthur: Die Welt der Mythen und Legenden, Stuttgart/München 1990

Däniken, Erich von (Hrsg.): Neue kosmische Spuren, München 1992

Davies, Nigel: Bevor Columbus kam, Hamburg 1978

de Camp, Sprague L.: Versunkene Kontinente, 3. Aufl., München 1977

Ditfurth von, Hoimar und Arzt, Volker: Dimensionen des Lebens, München 1977

Doebel, Günter: Der Mensch lebt nicht allein im All, Köln 1966

Donelly, Edgar Evans: Atlantis, New York 1949

Drößler, Rudolf: Als die Sterne Götter waren, Bergisch Gladbach 1981

ders.: Astronomie in Stein, Leipzig 1990

Ekrutt, Joachim W.: Die kleinen Planeten, Stuttgart 1977

Emery, W. B.: Great Tombs of the First Dynasty, Kairo 1949

Evers, Dietrich: Felsbilder arktischer Jägerkulturen des steinzeitlichen Skandinaviens, Stuttgart 1988

Fasani, Leone (Hrsg.): Die illustrierte Weltgeschichte der Archäologie, München 1983

Festinger, Leon: Archäologie des Fortschrittes, Frankfurt/New York 1985

Fiebag, Peter und Johannes (Hrsg.): Aus den Tiefen des Alls, 2. Aufl., Tübingen/Zürich/Paris 1985

Földes-Papp, Karoly: Vom Felsbild zum Alphabet, Stuttgart/Zürich 1987

Frenzel, Burkhard (Hrsg.): Dendrochronologie und postglaziale Klimaschwankungen in Europa, Wiesbaden 1977

Freunde der Bayerischen Staatssammlung für Paläontologie und historische Geologie München e.V.: Das Nördlinger Ries, München 1980

Friedell, Egon: Kulturgeschichte Ägyptens und des Alten Orients, München 1982

Gadow, Gerhard: Der Atlantis-Streit, Frankfurt 1973

Gendrop, Paul und Heyden, Doris: Mittelamerika, die alten Kulturen, Stuttgart 1988

(Das) Gilgamesch-Epos, Stuttgart 1988

Giot, Pierre-Roland: Préhistoire en Bretagne, Chateaulin 1988

Gottschalk, Herbert: Lexikon der Mythologie, Berlin 1973

Grant, Michael: Mittelmeerkulturen der Antike, München 1981

(Der) Große Bildatlas der Archäologie, München 1991

Haarmann, Harald: Universalgeschichte der Schrift, Frankfurt/New York 1990

Hagen von, Victor W.: Sonnenkönigreiche, München/Zürich 1962

Hapgood, Charles H.: Earth's Shifting Crust, New York 1958

ders: Maps of the Ancient Sea Kings, New York 1979

Hawkes, Jacquetta: Bildatlas der frühen Kulturen, München 1980

Heide, Fritz: Kleine Meteoritenkunde, Berlin/Göttingen/Heidelberg 1957

Herm, Gerhard: Die Phönizier, Düsseldorf/Wien 1973

Herrmann, Joachim: Tabellenbuch für Sternfreunde, Stuttgart 1961

Hertel, Gisa und Peter: Ungelöste Rätsel alter Erdkarten, Köln 1984

Heyerdahl, Thor: Kon-Tiki, Ein Floß treibt über den Pazifik, Wien 1955

Hoening, A. E. F.: Fundort Stone Creek, Düsseldorf/Wien 1981

Homet, Marcel F.: Auf den Spuren der Sonnengötter, Wiesbaden/München 1978

Honoré, Pierre: Es begann mit der Technik, Hamburg 1970

Hugot, Henri und Bruggmann, Maximilie: Zehntausend Jahre Sahara, Luzern/Frankfurt 1976

Irwin, Constance: Kolumbus kam 2000 Jahre zu spät, München 1968

Ivanoff, Pierre: Monumente großer Kulturen – Maya, Wiesbaden 1974

Jelinek, J.: Das große Bilderlexikon des Menschen in der Vorzeit, Prag 1972

Keller, Cornelius: Zeiger der Zeit, in: Bild der Wissenschaften 1/1992

Knaurs Große Kulturen in Farbe: Versunkene Kulturen, München/ Zürich 1979

König, Albert und Köhler, Horst: Die Fernrohre und Entfernungsmesser 3. Aufl., Berlin/Göttingen/Heidelberg 1959

Krassa, Peter: ...Und kamen auf feurigen Drachen, München 1990

Krupp, Edwin C.: Astronomen, Priester, Pyramiden – Das Abenteuer Archäoastronomie, München 1980

Kuckenburg, Martin: Die Entstehung von Sprache und Schrift, Köln 1989

Kühn, Herbert: Höhenmalerei der Eiszeit, München 1975

Kukal, Zdenek: Atlantis in the Light of Modern Research, Amsterdam 1984

Lange, Kurt und Hirmer, Max: Ägypten, München 1975

Laufer, Berthold: The Prehistory of Aviation, Chicago 1928

Le Roux, Charles-Tanguy: Gavrinis, Paris 1985

Ley, Willi: Die Himmelskunde, Düsseldorf/Wien 1965

Lissner, Ivar: So habt ihr gelebt, München 1977

Locmariaquer, Petit Journal des Fouilles, Locmariaquer 1988

Mendelssohn, Kurt: Das Rätsel der Pyramiden, Frankfurt/a.M. 1979

Mohen, Jean-Pierre: Megalithkultur in Europa, Stuttgart 1989

Montlaur, Pierre: Imhotep, Arzt der Pharaonen, Reinbek 1988

Muck, Otto: Alles über Atlantis, Düsseldorf/Wien 1976

Müller-Karpe, Herrmann: Geschichte der Steinzeit, München 1974 ders.: Handbuch der Vorgeschichte, Bd. 1 u. 2, München 1966 und 1969

Müller, Rolf: Der Himmel über dem Menschen der Steinzeit, Berlin/Heidelberg/New York 1970

Naumer, Hans und Heller, Wolfgang: Untersuchungsmethoden in der Chemie, Stuttgart/New York 1990

Neuburger, Albert: Die Technik des Altertums, Reprint der Originalausgabe von 1929, Leipzig 1987

Newcomb-Engelmann: Populäre Astronomie, 5. Aufl., Leipzig und Berlin 1914

Oliphant, Margaret: Atlas der Alten Welt, Wien/Gütersloh/Stuttgart 1992

Paturi, Felix R.: Die großen Rätsel unserer Welt, Stuttgart/München 1989

ders.: Zeugen der Vorzeit, Frankfurt/a.M. 1978

Pauwels, Louis und Bergier, Jaques: Aufbruch ins dritte Jahrtausend, München 1986

Platon: Sämtliche Werke, Jubiläumsausgabe des Artemis-Verlages, übertragen von Rufener, Rudolf, Zürich/München 1974

Pörtner, Rudolf (Hrsg.): Alte Kulturen ans Licht gebracht, Düsseldorf/Wien 1975

Popowitsch, Marina: Ufo-Glasnost, München 1991

Prideaux, Tom: Der Cro-Magnon-Mensch, Hamburg 1977

Rau, Wilhelm: Metalle und Metallgeräte im vedischen Indien, Wiesbaden 1973

Reader's Digest: The world's last mysteries, Pleasantville/New York/Montreal 1978

Reden von, Sibylle: Die Megalith-Kulturen, 2. Aufl., Köln 1979

Roerich, Nicholas: Heart of Asia, New York 1930

Rollando, Yannick: La Préhistoire du Morbihan, Vannes 1985

Roth, Günther D. (Hrsg.): Handbuch für Sternfreunde, Berlin/Göttingen/Heidelberg 1960

ders.: Kosmos-Astronomiegeschichte: Astronomen, Instrumente, Entdeckungen, Stuttgart 1987

Rust, Alfred: Urreligiöses Verhalten und Opferbrauchtum des eiszeitlichen Homo sapiens, Neumünster 1974

Sagan, Carl und Agel, Jerome: Nachbarn im Kosmos, München 1978

Sänger-Bredt, Irene: Die kosmischen Gesetze, Frankfurt/a.M. 1974

Sandermann, Wilhelm: Das erste Eisen fiel vom Himmel, München 1978

Sawelski, F. S.: Die Zeit und ihre Messung, Thun/Frankfurt/a.M. 1977

Scarre, Chris (Hrsg.): Times Atlas der Archäologie, München 1990

Schaifers, Karl und Traving, Gerhard: Meyers Handbuch über das Weltall, 5. Aufl., Mannheim/Wien/Zürich 1973

Schmökel, Hartmut: Das Land Sumer, Stuttgart 1974

Schwarzbach, Martin: Das Klima der Vorzeit, Stuttgart 1974

Schweingruber, Fritz Hans und Schär, Ernst: Ein Baustein zur prähistorischen Klimageschichte in den Alpen. Der Holzfund von Grächen, in: Methoden zur Erhaltung von Kulturgütern, Bern/Stuttgart 1989

Seton, Williams M. V.: Babylonien, Hamburg 1981

Sitchin, Zecharia: Stufen zum Kosmos, München 1989

Sterne und Weltraum, Monatszeitschrift für Astronomie, München

Sumer – Assur – Babylon, Ausstellungskatalog Liebighaus, Frankfurt a. M. 1980

Swift, Jonathan: Lemuel Gullivers Reisen, übertragen von Carl Seelig, Zürich 1955

Teichmann, Frank: Der Mensch und sein Tempel – Megalithkultur in Irland, England und der Bretagne, Stuttgart 1983

Temple, Robert K. G.: Das Sirius-Rätsel, Frankfurt/a.M. 1977

Tompkins, Peter: Cheops, München 1975

Tributsch, Helmut: Die gläsernen Türme von Atlantis, Frankfurt/a.M./Berlin 1986

Trimborn, Hermann: Das alte Amerika, Stuttgart 1959

Uhlig, Helmut: Die Sumerer, München 1976

Vermeulen, Joost: Das Geheimnis der Cheops-Pyramide, in: Bild der Wissenschaften 2/1989

Weigert, Alfred und Zimmermann, Helmut: ABC der Astronomie, Leipzig 1960

Whitehouse, David und Ruth (Hrsg.): Lübbes archäologischer
  Weltatlas, Bergisch Gladbach 1976
Wildung, Dietrich: Ägypten vor den Pyramiden, Mainz 1981
Woolley, Leonard: Mesopotamien und Vorderasien, 3. Aufl.,
  Baden-Baden 1979
ders.: Ur in Chaldäa, Wiesbaden 1956
ders.: Ur und die Sintflut, Leipzig 1930
Wunderlich, Hans Georg: Das neue Bild der Erde, München 1979
Zanot, Mario: Die Welt ging dreimal unter, Wien/Hamburg 1976
Zeerleder, Alfred von: Technologie des Aluminiums und seiner
  Leichtlegierungen, Leipzig 1947
Zhirov, N. F.: Atlantis, Moskau 1970
Ziehr, Wilhelm: Zauber vergangener Reiche, Stuttgart/Hamburg/
  München 1975
Zink, David: Von Atlantis zu den Sternen, München 1981

Werner Hoch

Es fing nicht erst mit Noah an

Verschollene Kulturen

Universitas

Die alten Hochkulturen, wie die der Hethiter oder Sumerer, kamen anscheinend aus dem Nichts. Diesem Rätsel geht Werner Hoch nach und erbringt den Beweis, daß es ein Fundament von noch älteren Kulturen, von noch älterem Wissen gab, dessen Spuren nur mühsam zu ermitteln, aber dennoch zu entdecken sind.

288 Seiten mit 29 Abbildungen, DM 39,80